Cantabria
naturaleza y arte

ESTVDIO

Título: Cantabria, naturaleza y arte
Autores: Valeriano García-Barredo y Miguel Ángel García Guinea
Fotografía: Grupo Estvdio
Traducción: Charles Ferris

Edita: Ediciones de Librería Estvdio

Diseño y maquetación: Ediciones de Librería Estvdio

Impreso en España

ISBN: 978-84-95742-87-2
D.L.: SA-734-2014

ÍNDICE

NATURALEZA en Cantabria

Esta descripción de la Naturaleza de Cantabria pretende trasmitir al lector, especialmente al que aún no conoce esta región del norte de España, las sensaciones que la misma provocó en una pequeña parte de los escritores que la han contado y cantado. Algunos autores son profundos conocedores de la misma, otros han plasmado en sus escritos las primeras impresiones que recibieron, que serán semejantes a las que las muchas caras distintas de Cantabria puedan provocar en quienes la visiten por vez primera. El objetivo de estas líneas es incitar en el lector el deseo de descubrirla o de revisitarla y en ningún momento se pretende el texto como el de un amante apasionado sino como la visión coral de muchos testigos.

"Costas y Montañas. Diario de un caminante" es el título de un magnífico libro de viajes que en el año 1871 publicó Amós de Escalante. Menéndez Pelayo, en su estudio crítico del mismo, dice: *"En 'Costas y Montañas' nos dejó escrito el libro clásico de nuestra Geografía y nuestra Historia"*. No en vano Don Amós, que además era poeta, comenzaba su poema "En la Montaña":

Caminos de la Montaña
de memoria os aprendí,
A ojos ciegas quise andaros
y en vosotros me perdí.

◀ Desde Ubiarco. Mar y montaña de la costa oriental.

Y, un siglo después, Francisco Cubría escribía este retrato de Amós de Escalante: *Recorrió "Costas y Montañas", cumbres y valles; tomó el sol de todos los oteros, la sombra de todas las hoces, el frescor de todos los arroyos y apagaron la sed de sus paseos todas las fuentes aldeanas. Descansaba de sus expediciones en la paz de los archivos, de las bibliotecas y al aroma de viejas historias.*

He comenzado con este recuerdo por entender que no se puede definir de forma más concreta nuestro territorio.

Cantabria es un territorio armonioso de mar y montañas unidas por el verde constante de sus valles, surcado por rápidos ríos que parecen tener prisa por buscar, desde su nacimiento, la vida del mar, el rugido de las olas, el estallido provocado en las rompientes. Este es el paisaje exterior; en su subsuelo, en una infinidad de cavidades, en un reflejo invertido del paisaje exterior, el espeleólogo encuentra las alturas, los valles, las depresiones, los ríos subterráneos y el visitante disfruta con los juegos, siempre distintos, de las estalactitas y estalagmitas, en ocasiones como en la Cueva del Soplao, en escenarios y formas sorprendentes, o se extasía ante la belleza secular del arte rupestre, no sólo en las universalmente reconocidas cuevas de Altamira y Puente Viesgo, ya que desde 2008 diez cuevas de Cantabria, con arte rupestre, fueron reconocidas Patrimonio Mundial por la UNESCO.

Santander. Atardecer en Puertochico.

Fuente Dé. Teleférico.

Desde el primer día nos cautivó la extraordinaria belleza del paisaje, consecuencia de ese clima templado, apacible, sosegado. Mar y montaña...

Josefina Aldecoa

From the first day on we were captivated by the extraordinary beauty of the landscape, the consequence of this mild, pleasant, soothing climate. Sea and Mountain...

Josefina Aldecoa

◄ Costa Oriental.

Desfiladero de La Hermida.

Sonabia y Peña Candina. ▶

En la abundante bibliografía de escritores que en libros de viajes, históricos o narrativos, nos han dejado testimonios y descripciones de su paso por Cantabria, encontramos muchas referencias a la dualidad mar y montes.

La tierra de los montes y las olas
donde ruego al Señor mis ojos cierre,
sonando, cual arrullo, en mis oídos
el lento rumor de la arenosa playa.

Don Marcelino ya definió así, en el primer verso, la tierra que le vio nacer y morir, que tanto amaba.

En “Diario de la guerra de España”, del periodista de “Pravda” Mijail Kolstov, me sorprendió encontrar también esta dualidad:

Majestuosa y bella región, montaña y mar. Profundos desfiladeros, agudos apelotonamientos roqueños y repliegues han quebrado y encabritado esta tierra. Los caminos corren, se elevan y caen formando audaces espirales... Nos hemos retrasado en gran manera por el camino: casi a cada revuelta Karmen salía a filmar vistas maravillosas; yo me enojaba, le escandalizaba; y al instante, yo mismo le pedía que filmara aún otro paisaje, otro valle, otro yugo de poderosos bueyes con almohadillas en las cabezas. Muchas de estas fotografías no saldrán bien, la niebla no se ha dispersado un solo momento.

Cueva El Soplao.

Castro Urdiales.

Josefina Aldecoa, en la lectura del Pregón del Día de Cantabria de 2001, nos regaló un texto maravilloso que comenzaba así:

Por San Glorio se entra en Cantabria. La Cordillera Cantábrica es la barrera natural que aísla de la meseta a esta región excepcional que mantiene intacta su belleza a través del tiempo. Descubrir la naturaleza de Cantabria es un gozo y un privilegio. Desde hace muchos años estos parajes se han convertido para mí en algo muy especial, aquí he encontrado mi refugio, mi paz. ¡Es mi tierra elegida!

Siento una emoción muy especial al hacer un canto a esta tierra a la que llegamos un día mi hija y yo, en busca de serenidad, en el verano de 1971. Y esta tierra nos acogió con la suavidad y la dulzura de sus gentes. Llegando de los extremos violentos del clima de la meseta, la atmósfera del Norte es una caricia continua. Desde el primer día nos cautivó la extraordinaria belleza del paisaje, consecuencia de ese clima templado, apacible, sosegado. Mar y montaña...

Vega de Liébana. ▶

◀ Parque Natural de Oyambre.
Playa de Merón y San Vicente
de la Barquera.

Dionisio Ridruejo había escrito antes: *Penetrar la Montaña viniendo del desierto meseteño es como llegar a una tierra prometida...* y textos semejantes podríamos citar de muchos autores actuales. Ya a mediados del siglo XIX, en 1858, Pedro Antonio de Alarcón, en su libro "Viajes por España" describiendo la naturaleza del valle de Buelna, sus gentes, su hábitat, su forma de vida, escribió: *No creas que exagero: ¡éste es el paraíso!* y Pérez Galdós , que llegó a Santander en 1871 para conocer a Pereda, se quedó aquí, construyó su casa frente a donde luego se construiría el Palacio de la Magdalena y pasó en ella, cada año, cuatro meses de verano, hasta que a partir de 1917, por su avanzada edad, no regresó.

Santander. Palacio de la Magdalena.

Campoo-El Ebro

Si el lector no conoce Cantabria y pretende llegar por el Sur de la región, procedente de la meseta castellana, entrando por tierras de Campoo y los Valles, descubrirá por qué se pueden sentir estas sensaciones:

> *Con García Guinea aprendí a admirar la fuerza que guardan estas tierras de Campoo cuando el alma se echa a soñar por los caminos que conducen por ellas. Con la persuasión del inductiblemente convencido, me hizo comprender que a medida que nos acerquemos a estas tierras, veremos cómo la luz se dora y la naturaleza se envuelve en amarillos; una luz misteriosa limpiará para nosotros el aire y todo resultará diáfano, luminoso.*
> (Aurelio García Cantalapiedra)

Visitada Reinosa, acérquese hasta las fuentes del Ebro en Fontibre; un monumento, obra del escultor Jesús Otero, y un texto de Don Marcelino, hablan del curso del río que ve nacer, de la unión de los pueblos que atraviesa hasta su desembocadura en el Mediterráneo, de la unión de los pueblos que fecunda y que nuestra península lleva su nombre. Casi ciego, Jesús Cancio, el poeta del mar, que presentía más que veía, cuyo monumento le recuerda en el puerto de Comillas, cantó el caminar del Ebro:

◀ Fontibre. Nacimiento del río Ebro.

Con un lírico acento cristalino
baja el Ebro cantando la hermosura
de las montañas que dejó en la altura
por besar con amor el mar latino.
Y el mar, que es como el Ebro un peregrino,
sueña a cada pleamar con la locura
de ganar de ola en ola la llanura
y abrazar a los montes del camino.

Campoo, sus Hermandades, sus Valles, es tierra de paisajes y de recuerdos históricos. Ascendiendo hasta Alto Campoo, estación invernal, desde su mirador se contemplan con increíble cercanía Pico Tres Mares, Peña Labra, Peña Sagra, los Picos de Europa, la Montaña Palentina y los valles del Nansa, Liébana y la Pernía.

Estas tierras de Campoo, de sus Valles, además de conocer los primeros pasos balbuceantes del Ebro, están surcadas y bendecidas por el río. En muchos momentos voy a utilizar textos de un campurriano apasionado que amó y cantó, riguroso y fiel, estas tierras altas de Cantabria: Miguel Ángel García Guinea.

A Reinosa llega el río para recibir las aguas hermanas del Hijar (...) pero le deja irse por Cañeda abajo, hacia el mar, mientras él adivina su destino aún muy lejano (...) Seguía el Ebro su camino por tierras más llanas, de viejas turbas, en una vega baja y tranquila rodeada de pueblos como Orzales, Monegro, Bustamante, La Población, La Riva, etc. todos pertenecientes a la Hermandad de Campoo de Yuso o al municipio de Las Rozas... Pero un día alguien pensó en contener las aguas para hacerlas salir reglamentadamente hacia los campos secos de La Rioja y Aragón, paliando así sus duros estiajes.

Cuando vuelve a ser río y ha regado tierras de Valdeprado y Enmedio, y también las primeras tierras de Castilla, va a recorrer, enseñoreado, el valle que lleva orgulloso su nombre: Valderredible. Es ahora cuando señorea los campos, se extasía en el paisaje y camina perezoso, serpenteando, alargando el curso como si le doliese abandonar lo suyo. Nunca fue el Ebro más Ebro que en Valderredible, porque todo –la vida, el paisaje, la luz y la atmósfera– gira alrededor del río (...) En Valderredible, por todas partes le viene el agua al Ebro. Ríos y arroyos, procedentes no sólo de los montes, sino de las fuentes que nacen en La Lora, van haciéndole grande y caudaloso (...) Pasado el pueblo de Villaescusa de Ebro, donde el Ebro dice el último adiós a la tierra humana montañesa, su corriente se estrecha para abrirse paso a través de la roca milagrosa de Orbaneja del Castillo y Escalada.

Rafael Sánchez Mazas resumió, con gracia, el curso total del Ebro

Por no llenarme de frío
y de hastío
en Reinosa, origen mío,
he dado en meterme a río,
por la línea castellana
y la tierra aragonesa,
por la solana alavesa
y la ribera riojana,
por Navarra tudelana
más debajo de Sigüenza,
y, como me da la gana,
por la tierra catalana
a Tortosa...
y a otra cosa.

Alto Campoo. Desde su mirador se contemplan, con increíble cercanía, Pico Tres Mares, Peña Labra, Peña Sagra, los Picos de Europa, la montaña Palentina y los valles del Nansa, Liébana y La Pernía.

Alto Campoo. From its overlook, Pico Tres Mares, Peña Labra, Peña Sagra, Los Picos de Europa, La Montaña Palentina and the valleys of Nansa, Liébana and La Pernía can be admired with astounding proximity.

Página 35. El río Ebro después de recorrer, enseñoreado, el valle de Valderredible, su corriente se estrecha para abrirse paso a través de la roca milagrosa de Orbaneja del Castillo y Escalada.

Riaño de Campoo. Puente sobre el río Híjar.

El Saja

Desandando, desde Reinosa, la Ruta de los foramontanos, y ascendiendo el puerto de Palombera, estamos en la Reserva del Parque Nacional Saja-Besaya. Estos caminos están maravillosamente descritos en la mejor novela perediana: “Peñas arriba”. Cuando descendiendo del Puerto se ha contemplado una pequeña parte de la inmensa riqueza forestal del Parque, llegamos a uno de los paisajes mas bellos entre los muchos que nuestra región ofrece, un valle lujuriosamente verde, atravesado en toda su longitud por el río Saja: Cabuérniga. En uno de sus pueblo nació y en sus collados pastoreó un gran escritor que, lamentablemente, quizás sea para el viajero un desconocido. Manuel Llano, tal es su nombre, recreó la vida, leyendas y tradiciones de estas tierras y nos las regaló en una maravillosa prosa poética. Muerto joven, en siete años publicó siete libros. Se los prologaron Miguel Artigas, Luys Santa Marina, Unamuno, Víctor de la Serna y Gerardo Diego. Guillermo Díaz Plaja lo incluyó en su “Antología del Poema en Prosa en España” y Gerardo Diego le hizo el sujeto de su “Última lección”.

Es curioso encontrar dónde se puede descubrir un escritor: *la guerra me descubrió a los montañeses, entre sus brañas y árgomas, revelándome el mundo pastoril del rabel y la colodra tan entrañablemente contado por Manuel Llano, un escritor comparable por lo menos con Gabriel Miró, a quién se asemeja en la humildad cordial, en el arte y en el sentir.* (José Luis Sampedro)

◄ Parque Natural Saja-Besaya.

En Cabuérniga, solar de intelectuales y artistas, en 1875, Linares, Giner y Salmerón, desde caminos opuestos, van a confluir a la vieja casa de González Linares en Valle de Cabuérniga. La agitación política y las miserias del mundo quedábanse del otro lado y más allá, en los montes y los valles, donde la historia no transcurre apenas y el tiempo se acompasa con el vivir monótono de los aldeanos..., en esta quietud, en este sosiego, de aire puro, de aguas mansas, de prados verdes, Giner y sus amigos meditan las bases de su futura Universidad y tal vez, provisionalmente, la adjudican el nombre -después definitivo- de Institución Libre de Enseñanza". (Antonio Jiménez-Landi)

Cuando ya estamos saliendo de este valle, en la Hoz de Santa Lucía, junto al puente que cruza el río Saja, se levanta un monolito con esta leyenda: *"Si los españoles fuéramos medianamente aficionados a contarle a la gente propia y a la extraña algo de lo que somos -y nos esperáramos a que nos lo contaran- aquí pondríamos una piedra lisa, rosada, de las canteras de la Hoz de Santa Lucía (hermana en dignidad y nobleza de la arenisca dorada de Salamanca, del travertino romano, y de la piedra de Colmenar) con este letrero: Aquí empieza esa cosa inmensa e indestructible que llamamos España".* Es el comienzo del "Nuevo viaje de España. La ruta de los foramontanos" de Víctor de la Serna y el autor sitúa Malacoria (el lugar del que partió el movimiento repoblador de Castilla) en el inmediato Mazcuerras familiar, el Luzmela literario de su madre: Concha Espina... *uno de esos valles incontaminados del Sarraceno que cobijaron a los labriegos, a los monjes y a los artesanos visigóticos, al amparo de los "cueras", "corias" o "escudos" de la geografía Cantábrica.*

Hemos dejado atrás, a lo largo del valle de Cabuérniga, visitas y paseos que en tan poco espacio pueden darnos una imagen de cuántas posibilidades de gozo puede depararnos la naturaleza de Cantabria:

◀ Hayedo de Ucieda.

ascender la collada de Carmona para, desde sus miradores, contemplar su valle y la singularidad de su caserío; acercarnos, en Ruente, al nacimiento de La Fuentona, singular manantial que desagüa en el inmediato Saja, que, de tarde en tarde se seca, sin que a este curioso fenómeno se le encuentre causa; visitar Ucieda y recorrer, bajo la extraordinaria fronda autóctona del Monte Ucieda, un paseo llano que nos regala el curso del río Los Vados, o llegarnos a la villa de Cabezón de la Sal.

◀ Carmona.

Ruente. La Fuentona.

Liébana-El Deva

Liébana es un valle que, abrigado por las altas cumbres de los Picos de Europa y de la Cordillera Cantábrica, goza de un microclima especial; junto a la iglesia mozárabe de Lebeña convivieron jubilosos hasta hace unos año un tejo y un olivo. El principal acceso a Liébana es a través del Desfiladero de La Hermida; *es un paso estrecho y tortuoso entre dos grandes paredes cuya alta cima no alcanza a percibir la vista. El camino, como el río, va por una enorme hendidura de los montes resquebrajados (...) Llaman a esto Garganta; debiera llamársele el esófago de La Hermida, porque al pasarlo se siente uno tragado por la tierra.* (Benito Pérez Galdós). El viajero puede llegar también, desde Palencia, a través del Puerto de Piedras Luengas; desde León, por San Glorio; desde Asturias, siguiendo el curso del Sella, desde Cangas de Onís a Panes, al inicio del Desfiladero.

"Liébana Tierra para volver" es un libro excepcional, enriquecido con magníficas fotografías, donde el viajero que no conozca Liébana puede enamorarse de este territorio. Su autor: Eduardo García de Enterría, con la pasión del enamorado de la tierra, pisada y admirada una y otra vez, escribe: *A cualquiera que tenga la ocasión de contemplarla desde el aire, como yo he tenido la fortuna de hacerlo más de una vez, Liébana aparece con una nitidez y una singularidad precisa, como salida directamente de las manos de Dios*; y otro lebaniego, José María Pérez "Peridis", que en esta ocasión dibuja su pensamiento con la palabra, en "Peregrinar a Liébana" escribe: *Un refugio seguro, lo mas parecido*

◀ Perrozo.

◀ Monasterio de Santo Toribio de Liébana.

al Paraíso que se desplegaba a la vista de los cristianos que llegaban de las frías tierras de la meseta huyendo de los infieles que saqueaban sus cosechas y se llevaban a las doncellas como cautivas, y que encontraban entre sus laderas todas clases de frutas y frutos de la tierra para su sustento, en el fondo de unos valles especialmente preparados para protegerlos. En resumen, y para terminar, es como el cuenco que Dios habría hecho entrelazando las manos y dejando entre ellas un regato para que salieran las aguas del Deva para perderse en el mar.

El viajero que por primera vez se acerque a Liébana no debiera perderse, además de Potes, la capital, punto neurálgico social y comercial del valle, las visitas a Fuente Dé, lugar del nacimiento del Deva y lugar de acceso, a través del teleférico, a los Picos; el caserío y Torreón de Mogrovejo, Santo Toribio, lugar de peregrinación y adoración al *"Lignum Crucis"*, las iglesias románica de Piasca y mozárabe de Lebeña, ¡contemplar los Picos! desde tantos puntos... Si tuviera tiempo y le gusta andar, acercarse hasta la sorprendente braña de los tejos... y si fuera posible, viajar en otoño para contemplar la eclosión de color de los hayedos transformados en una inmensa gama de ocres. García de Enterría cierra su obra citada "Liébana Tierra para volver" con este texto: *Las laderas palpitantes de las montañas de Liébana en el otoño –que allí llaman, con preciosa palabra, "tardíu"– no les dejarán indiferentes, puedo asegurárselo.*

Salvo la Merindad de Campoo, único territorio de Cantabria situado al nivel de la Meseta, y Liébana, los valles encerrados entre los Picos y la Cordillera, el resto, hasta llegar a las relativas planicies de la costa, "la Marina", lo ocupan valles, alargados en dirección Norte-Sur, que ocupan la parte intermedia –entre mar y montaña– de la región. Estos valles están surcados por los ríos que, generalmente, les dan su nombre y que de Occidente a Oriente, son: Nansa, Saja, Besaya, Miera, Pas y Pisueña, Asón y Agüera.

Caloca.

El Nansa

Desde Liébana, desde La Hermida, se puede ir hasta Puente Nansa, en el curso medio del río, a través de los valles intermedios de Peñarrubia y Lamasón. Desde la autovía Santander-Oviedo, desde Pesués, casi desde donde el río va al encuentro del mar Cantábrico por la ría de Tina Menor; y si el viajero llega por las tierras palentinas de la meseta, a través del Puerto de Piedras Luengas, *donde nos espera una de las visiones más sorprendentes que se pueden gozar en La Montaña. A la izquierda se contempla Peña Labra con la salida a las tierras altas palentinas. A la derecha, de un golpe, toda la corona de los Picos de Europa abismando el valle de Liébana.* (Dionisio Ridruejo).

> *El Nansa tiene sus fuentes en el Pico Tres Mares, cerca de los nacimientos del Pisuerga y del Hijar, impidiéndole la Sierra de Peña Sagra la entrada en Liébana al interponerse en su curso. Descendiendo entre montañas, sus aguas abren sucesivamente los altos valles de Polaciones, Tudanca y Rionansa. Encajado por hoces y estrechos desfiladeros y liberado brevemente en los valles, ve alternar a éstos con los embalses que nutren a las presas y saltos hidroeléctricos.* (Emilio Arija)

Son tierras altas donde puede encontrarse la huella del paso del oso, el milagro del urogallo (en peligro de extinción), el espectáculo de la **berrea** al borde del otoño. Es tierra de pastos en verano cuando llegan, desde Extremadura, los pastores y es donde el ganado vacuno

◄ Torre de Obeso.

autóctono cabuérnigo pace, desde junio hasta octubre. El descenso del ganado proporciona, en Campoo y Cabuérniga, festejos de gran arraigo popular. En Campoo de Suso "La Fiesta de los Campanos", en Abiada, el primer domingo de septiembre y en Cabuérniga "La Pasá" el último sábado de septiembre.

Es Polaciones el valle más alto de Cantabria, por esta parte del Sur, lindando con la Pernía palentina. En Tresabuela, unas pocas casas diseminadas al cobijo de Peña Labra, nació Francisco de Rávago, jesuita, confesor de Fernando VI, bienhechor de este pueblo y toda la región. Santander le debe el título de ciudad y la sede episcopal. En Tudanca, donde el río empieza a descender, hay mucho que ver y, sobre todo, de Tudanca hay mucho que contar. En esta localidad encontramos la Casona que José María de Cossío legó a la Diputación de Cantabria. Es una excepcional Biblioteca-Museo que muestra todo la extraordinaria riqueza documental y bibliográfica que Don José María reunió a lo largo de una fecunda vida relacionada con la Generación del 27, los toros y todo el mundo literario español, hasta su fallecimiento en 1977. La casona es, además, el escenario donde José María de Pereda situó su novela "Peñas Arriba" y en ella pasaron estancias veraniegas (Cossío era un gran anfitrión y conversador) numerosos escritores: *En esta casa hizo estancia don Miguel de Unamuno, mi maestro... Aquí fue huésped Rafael Alberti, y aquí escribió casi en su totalidad, su libro, "Sobre los ángeles", uno de los más bellos y fecundos de su obra. José del Río Sainz ha hecho aquí frecuente estancia y durante varios años fue lugar de vacaciones de Gerardo Diego.* (José María de Cossío). Don José María nos regaló a los cántabros y a todos los aficionados a la literatura, un libro impagable por su información y por la galanura del texto: **Rutas literarias de la Montaña.** El que durante muchos años fue bibliotecario-conservador de la Casona, Rafael Gómez de

Tudanca. Casona-Biblioteca y Museo de José Mª de Cossío. ▶

Tresabuela. Valle de Polaciones.

Tudanca, cita que sobre los paisajes de este valle han escrito: Pereda, Unamuno, Marañón, Espinosa, Alberti, Cossío, Gerardo Diego, Ricardo Molinari, Ridruejo... Unamuno tiene una descripción muy significativa: *El río baja cantando brizando el sueño de la vida de aquellos montañeses primitivos, celtibéricos, y lamiendo los peñascos rodados y los cudones que arrancó a los riscos de la cordillera que sirve de cabeza a España. Desde el valle o ensanchura de Polaciones al de Tudanca, ambos en la estrecha cuenca del mismo río, se abre este paso por una imponente garganta, la hoz de Bejo . Y fue de soñarla, más que de verla, cuando ya de noche la recorrí, por la carretera, a caballo, volviendo de ver el más hermoso escudo de armas que he visto, en una casona solariega, la de los Montes, en San Mamés de Polaciones, a la luz de la luna llena, de la luz que llamaban de los muertos mis antepasados euscaldunes (...) Parecía aquello la puerta fatídica e imponente del mundo, de ultratumba (...) En el fondo cantaba a la luna el río Nansa. Los robles y las hayas que vestían las faldas de los riscos se bañaban en la lumbre dulce de la luna, en su cumbre lechosa.*

En su rápido descenso, treinta kilómetros le distancian del mar, el río rebasa Santotís, Rozadío, Cossío, deja al margen San Sebastián de Garabandal, las cuevas prehistóricas de Chufín y Micolón, la ferrería de Cades y rebasado Celis, al llegar a Rábago, el viajero tiene cita obligada con la Cueva del Soplao. Antigua mina La Florida, situada en los ayuntamientos de Rionansa y Valdáliga, explotada durante mas de un siglo, hasta los años setenta del pasado siglo XX, es considerada una cavidad única, a nivel mundial, por la calidad y cantidad de sus formaciones geológicas, con formaciones excéntricas excepcionales. Además de la visita turística programada puede realizarse una ruta de turismo-aventura en el interior de la misma.

◀ Carnaval en Polaciones. Zamarrón.

Las virguerías de aragonito, formando extrañas lámparas de araña, adornan los techos de la galería Gorda a unos 12 metros del suelo y nos ofrecen un extraordinario espectáculo. El Falso Suelo es una pequeña estancia cuyo techo está formado por un mundo de "coral" que nos hace dudar sobre el medio en que nos movemos: ¿en tierra? O ¿en el mar? (...) Más adelante, una serie de preciosas salas, El Bosque, El Órgano y la Coliflor, nos recuerdan que seguimos en el kilómetro más bello del subsuelo de la Tierra. (Francisco Fdez. Ortega y Mª del Carmen Valls: "Cavernas y Minas. Patrimonio subterráneo de Cantabria")

Cueva El Soplao.

El Besaya

La ruta que facilita la cuenca del río Besaya, que naciendo en las cumbres orientales de Campoo desemboca en Suances después de confluir con el Saja en las inmediaciones de Torrelavega, es la vía de comunicación por la que entraron en Cantabria las influencias culturales provenientes de la meseta. La calzada romana procedente de *Pisoraca* (Herrera de Pisuerga) se prolongaba, paralela al río Besaya, hasta *Portus Blendium* (Suances) o *Portus Victoriae* (Santander) y por ella penetraron las legiones romanas durante su guerra contra los cántabros y el posterior asentamiento, fundamentalmente con la explotación de los recursos mineros. Durante la Edad Media fue recorrida por los peregrinos, que antes de llegar a Santiago, deseaban visitar los monasterios de Liébana o la Cámara Santa de Oviedo y, por ello, está jalonada de arte románico. También fue camino de la lana de Castilla para ser embarcada hacia Europa a través de los puertos de las Villas de la costa, y más tarde, sería camino harinero comunicado con el Canal de Castilla para embarcar con destino a América, y por el mismo camino retornaban a Castilla los recursos ultramarinos y el camino se jalonó de molinos harineros. En la Edad Moderna, la construcción del ferrocarril Alar-Santander y la conversión del viejo camino carretero en la carretera nacional 611 servirían para trazar el que sería, ya en el siglo XX, el eje industrial Reinosa-Los Corrales de Buelna-Torrelavega y su comunicación final con el tradicional puerto de Castilla.

◄ Interior molino harinero.

◀ Suances. Faro de la Punta del Dichoso.

El Besaya es un río que, en escasos 20 kilómetros, debe salvar la abrupta caída desde los 870 m de altitud de Reinosa a los 288 m de Bárcena de Pie de Concha, despeñándose por una hoz agreste donde apenas encuentran sitio el río y la carretera; la transitada y temida por los automovilistas y, sobre todo, por los camioneros: Hoces de Bárcena. Como el tren ya no tenía espacio hubo de buscar camino, a media ladera, en un ingenioso trazado ingenieril de curvas y túneles; 22 hubo que perforar para poder ascender hasta Reinosa y todo con los medios disponibles a mediados del siglo XIX. La reciente autovía Cantabria-La Meseta, siguiendo un trazado cercano al ferrocarril, liberó, en gran manera, el sufrimiento de los conductores.

Como tantos lugares y hechos de Cantabria, Amós de Escalante ya nos lo dejó escrito: *¡La voluntad humana!... Y ¡qué admirable manifestación de fuerza constante e irresistible, esta vía asombrosamente trazada en tan quebradísimo suelo!* Y si el lector desease una descripción literaria de estas hoces, lea las primeras páginas de la novela de José María de Pereda "De tal palo tal astilla".

Llegado a Bárcena el viajero tiene la posibilidad de dos curiosas excursiones. Una, a pie, recorrer los escasos cinco kilómetros que se conservan de la calzada romana. La otra, en automóvil, ascender hasta los 900m de altitud para encontrarse, en un panorama idílico, el ayuntamiento más rico de Cantabria: San Miguel de Aguayo. Dos embalses dedicados a la producción hidroeléctrica proporcionan, a los escasos 180 vecinos del lugar, su alto nivel de vida; los medios de comunicación les libran hoy del aislamiento y de la dureza del clima que se cita en el Madoz, a causa del periodo de nevadas.

A partir de Bárcena el río atraviesa y fecunda dos valles: Iguña y Buelna, llanos y feraces, lo que desde antiguo favoreció el asentamiento humano en numerosas localidades en las que puede admi-

San Miguel de Aguayo. Embalse de Alsa. ▶

rarse una interesante arquitectura civil, además del románico, ya indicado.

Las cuencas de los ríos Saja y Besaya, antes que éstos lleguen a encontrarse en Torrelavega, La Vega de los Garcilaso, guardan entre ellas, además de unos pequeños pero hermosos valles interiores, el Parque Natural Saja-Besaya. Víctor de la Serna le dedica, en su libro –ya citado– "Nuevo Viaje de España", el capítulo "El bosque de las martas":

> *Bustara me ha acompañado al bosque. Se trata, amigo lector, de un bosque mágico, un bosque como de Walt Disney. Diez mil hectáreas de hayas, con el tronco como de ante que está floreciendo en un verde tierno, y en cuya copa, dentro de unos días, cantará el urogallo en celo; y de robles que están brotando ahora en unas yemas rosadas y brillantes que tienen algo como de cosa carnal; y de abedules, de donde se hacen los bieldos y los trillos y las manceras para Castilla; y de avellanos, de donde labra sus palos como centros monteses el pastor y con los que teje el labriego cestos para la uva, y la fruta, y el queso; y de castaños que añoran quillas de barcos antiguos; y de acebuches, la planta más elegante del bosque; y de sauce, blanco y tierno, dócil a la gubia; y de arándanos, con cuya baya dulce se deleita el oso pardo de Cantabria. Dentro de este bosque, poblado, además, de pájaros y de alimañas ágiles que viven en los troncos, vive la figura animal más arrogante de la creación: el corzo. Y la más fea: el jabalí.*

◀ Ucieda.
Un bosque mágico.

El Pas

Tal vez la más popular y nombrada entre las comarcas santanderinas sea la constituida por los Montes de Pas, aludiendo con ello al principal río que riega la, comarca. (Emilio Arija Rivarés: "Geografía de España")

Tendría yo trece o catorce años cuando salí de Aragón por primera vez. Iba invitado a casa de unos amigos de mi familia que veraneaban en Vega de Pas, cerca de Santander (...) Descubrí, maravillado, un paisaje nuevo, inesperado, totalmente distinto del que había conocido hasta entonces. Veía nubes, lluvia, bosques encantados por la bruma, musgo húmedo en las piedras... Fue una impresión deliciosa que siempre perdurará. (Luis Buñuel)

En el fondo corre el Pas, al que da alguna vez vida una cascada. Es un paisaje musical, pero de música litúrgica, gregoriana, de pocas notas y ellas de órgano. Me acordaba de Obermann, del enorme Obermann. En el fondo del valle, unas figuritas de hombres y mujeres segaban hierba del prado. (Miguel de Unamuno)

◀ Cabaña pasiega.

Son numerosos los arroyos que descendiendo de Castro Valnera (1.707 m) y de Las Estacas de Trueba (1.116 m) riegan las tierras altas del municipio de Vega de Pas y alimentan, desde su nacimiento, al río Pas que, en su recorrido de 70 kilómetros, parte en dos, de Sur a Norte, el territorio de Cantabria. A Castro Valnera, lugar de nacimiento de sus mayores, cantó Gerardo Diego, en varios poemas de los que indico algunos versos:

La niebla a nuestros pies rasga sus velos
y alumbra, verde y virgen, la montaña.
Rocío en hierba, en flor, en telaraña
Oh hermosura en verdor de mis abuelos.

Por ti soy noble con los tuyos, con los míos,
sangre de Diegos, lengua de pasiegos.

...Este camino
cuando sólo era senda de pastores
y guía de herraduras
fue hollado por la planta infatigable
de mi padre zagal...

Desde Santander, sentado en un banco del Paseo de Reina Victoria, mirador de la bahía, también cantada por el poeta en el precioso soneto *Bahía natal*, Gerardo Diego sigue mirando hacia el punto central, el Castro Valnera, de la extraordinaria escenografía que se contempla como el telón de fondo de un escenario ideal.

Esta cuenca del Pas, mucho más abierta que las del Occidente de Cantabria, acoge otros ríos. Por el camino del Puerto del Escudo, el río Luena se une al Pas en Entrambasmestas, muy cerca de Alceda y Ontaneda, por donde empieza a recorrer el histórico valle de Toranzo. Aquí debemos recordar el solar familiar de Francisco de Quevedo, las raíces de su apellido Villegas y que él, cargado de ironía, nos describió:

"La niebla a nuestros pies rasga sus velos"
Gerardo Diego

Durante siglos los pasiegos han tenido una forma de vida peculiar de la que dan testimonio las "cabañas vividoras".

For centuries the mountain folk have had a singular lifestyle testimony to which may be seen in the "barn dwellings".

Es mi casa solariega
más "solariega" que otras
Pues por no tener tejado
le da el sol a todas horas

El valle se estrecha antes de llegar a Puente Viesgo, a cuya entrada se alza el cónico Monte del Castillo, "montaña sagrada de la prehistoria" y, poco después, en Castañeda, muy cerca de la Colegiata románica, el Pas acoge las aguas del río Pisueña que desde las faldas de La Braguía (600 m), extraordinario mirador sobre las Villas y su entorno de Vega de Pas y Selaya, ha recorrido los valles de Carriedo y Cayón. Después de pasearse por Piélagos y pasar bajo el puente de Arce y bañar riberas de Oruña y Miengo, desemboca, por Mogro, en el Cantábrico, formando un excepcional paisaje de dunas y arenales.

Mogro es el lugar de escape del Pas hacia el mar, ya hecho ría; es el abra mas maravillosa que puede contemplarse; pasa de la umbría frondosa donde apenas se escucha el murmullo de la corriente como un "rutar" de las aguas, al estallido de luz sobre las arenas rubias y el ronco mugido del Cantábrico. (María del Carmen González Echegaray)

Durante siglos los pasiegos han tenido una forma de vida peculiar de la que dan testimonio las "cabañas vividoras" que pueblan las laderas de su valles. Además de los municipios de las Tres Villas Pasiegas: Vega de Pas, San Pedro del Romeral y San Roque de Riomiera hay zonas contiguas en el Alto Asón y en los valles de Soba, Ruesga, Carriedo y Cayón donde la presencia de su forma de vida es notoria.

Mogro... "el abra más maravillosa que puede cotemplarse"

El Miera

El río Miera nace en las escorrentías de Castro Valnera, como el Pas, y en las que descienden del Portillo de Lunada (1.350 m), desembocando en la bahía de Santander, entre Pedreña y Somo, transformado ya en la ría de Cubas.

> *Desde las cumbres desoladas y aguileñas, fronteras de Burgos, a las que llaman, de modo sin duda casual pero acertado por las evocaciones astrales que sugiere, Portillo de Lunada, hasta las lomas blandas, casi bucólicas en su verdor y melancolía perennes, que señorean el curso bajo del río Miera, allí donde éste, dando al olvido travesuras bravías y torrenciales tantas veces ruinosas o trágicas en siglos pasados, se remansa, y ya influidas sus aguas por las del Cantábrico, recibe en segundo bautismo, marinero, el título de Ría de Cubas, se extiende el que a algunos nos parece el más bello de los muchos valles de la Provincia de Santander.* (José Alcalá-Zamora y Queipo de Llano: "De la importancia que tuvieron las antiguas y desaparecidas fábricas de Liérganes y La Cavada")

A partir del siglo XVII, el curso alto del río Miera sufrió importantantes transformaciones en su curso y su paisaje para poder atender las necesidades madereras que los altos hornos que, técnicos llegados de Flandes, instalaron en Liérganes y La Cavada para fundir los cañones que la Armada necesitaba para defender su continuo tráfico

◄ Portillo de Lunada.

◀ Pámanes, en la falda sur de Peña Cabarga.

americano, así como los arsenales y fuertes tanto en España como en América, de Norte a Sur, y Filipinas.

> *Allí se alzaron, en la década de 1620, los primeros altos hornos españoles, cien años antes que los segundos -Ronda-, y ciento setenta años antes que los de Sargadelos -Lugo-, por muchos considerados como los más tempranos del país. Allí funcionaron las fábricas de fundición de hierro que, célebres en toda Europa fueron las más importantes de la Península hasta los albores de la era industrial, de la que representan un antecedente, todo lo remoto y modesto que se quiera, pero indudable en multitud de facetas técnicas y laborales (...). Del carácter indómito del río Miera supieron bien Wolfango de Mucha y la Hacienda Real por las fechas en que el ingeniero austríaco quiso canalizar el río, en un alarde técnico impresionante, para que las maderas descendiesen con menor coste de transporte desde Lunada, porque el despiadado río se llevó, sin dejar rastro, las obras ingentes que costaron años, algunas vidas humanas y probablemente un millón de horas de trabajo.* (José Alcalá-Zamora y Queipo de Llano)

Hoy pueden contemplarse "Los Resbaladeros" por los que eran empujados los troncos, desde Lunada y como testimonio, en uno de sus "Diarios", Melchor Gaspar de Jovellanos nos dejó este informe: *Para vencer el paso del río se han desmontado enormes peñas con barrenos, y entre ellas algunas con cincuenta pies de alto y sesenta de base, haciendo que los escombros cayesen en los pozos que era preciso rellenar...*

En el curso alto del río se asienta San Roque de Ríomiera, una de las Tres Villas pasiegas, con un pequeño núcleo central de casas y la presencia constante, en las laderas, pues hay poco terreno llano, de

Cabañas pasiegas en la cuenca alta del río Miera. ▶

las cabañas. Tanto Liérganes como La Cavada merece, por la extraordinaria riqueza de su arquitectura civil, una visita y en La Cavada, además, se puede visitar un pequeño, pero documentadísimo Museo de lo que fue "La Real Fábrica de Artillería de La Cavada y Liérganes". Liérganes tiene un magnífico conjunto urbano, declarado de interés Histórico-Artístico y un balneario de reconocido renombre con un hermoso parque. El río sigue su curso por Solares. También aquí, como en el vecino Liérganes, existe un balneario de acreditadas aguas con otro magnífico parque. Ya está cerca de rendir viaje en la bahía de Santander y, a partir de Cubas, al encontrarse con la influencia de las mareas, ya es la Ría de Cubas, con cuyo nombre desemboca, entre Pedreña y Somo, en un marco incomparable frente a la Playa del Puntal.

◀ Liérganes. Puente sobre el río Miera.

El Asón

Para un geógrafo, Emilio Arija, *la cuenca del Asón es un festival de aguas corrientes y altas montañas* Un cronista, Benito Madariaga, nos advierte: *los autores no coinciden respecto al lugar exacto de su procedencia, que es duda común en numerosos ríos.*

El río Asón se manifiesta en una surgencia de los Collados del Asón e inmediatamente nos ofrece el espectáculo de verlo caer en una majestuosa cascada, iniciando el curso visible del río, junto a la carretera que desde Arredondo asciende al Portillo de la Sía. El espectáculo que nos ofrece la cascada es mayor en primavera, con la fuerza del deshielo, y con las primeras luces del día.

Julio Sanz Saiz, pintor y poeta, que en ocasiones ven donde los demás no vemos, nos descubre "lo oculto" y nos describe lo que ve: *Creo que el Gándara y el Asón recorren juntos los caminos subterráneos del gran macizo calizo que configura valles y cumbres que configura toda esta comarca del suroeste de Cantabria (...). Sabe el Asón de maternidad que le alumbra (...). Como una lluvia de estrellas que jugase a ser agua, viajero ilusionado del aire, largo susurro de la montaña, el Asón abanica el barranco y su sombra en suave caricia de alas tenues (...). El agua del Asón no es realmente río hasta no ver la luz del sol y tener la vecindad de su amigo el árbol.*

◀ Cuenca alta del río Asón.

Ya de camino, y tras visitar Arredondo, la "Capital del Mundo", y discurrir alegremente por el valle de Ruesga, corre a abrazarse al río

Gándara, su "mellizo", en Ramales de la Victoria. El Gándara, antes río Soba, se manifiesta en el pueblo del que toma ahora el nombre. A cien metros de donde aparece, de sus sumideros calizos, se ha construido el Centro de interpretación de los Collados del Asón, un aparcamiento y un extraordinario mirador sobre los primeros pasos de este río y sus sorprendentes cascadas en el tramo inicial de de su curso. En su encuentro con el Asón forma un círculo que encierra el valle de Soba, extenso y poco poblado, quizás sea el valle cántabro que mejor conserva su naturaleza, poblado de robles, hayas y castaños de una gran belleza. Todos estos valles del Asón son, tradicionalmente, tierra de indianos y conservan una riquísima arquitectura civil, advertencia que puede extenderse a numerosas localidades de nuestra región, pues ya Dionisio Ridruejo, en su hermosa obra sobre Castilla la Vieja, en su descripción de nuestra provincia decía: *En pocas provincias españolas se encuentra tanta persistencia en el uso de una arquitectura tradicional bien integrada en el paisaje (...). Para el hombre que viene de la ciudad todo esto es maravilloso y sedante.*

Hasta llegar a Ampuero, que puede considerarse la capital del Bajo Asón, el río pasa por Gibaja y Rasines. Desde Ampuero se puede hacer una excursión al Santuario de la Bien Aparecida, en la Hoz de Marrón. Desde su mirador se contempla la riqueza natural del valle del río Udalla y, al fondo, los montes que por el Sur nos separan de la Meseta. Es uno de los maravillosos espectáculos que la naturaleza nos depara de vez en cuando. También Ampuero, como casi todos los pueblos de las riberas del Asón y de los humedales que van a formar la Reserva Natural de la Marisma de Santoña, como ya he indicado, tienen una destacada arquitectura tradicional, casonas y residencias del siglo XIX. El río continúa hasta el cercano Limpias, donde el Asón se convierte en ría y donde desde su puerto del Ribero, hoy lugar tranquilo y de paseo, desde el siglo XVI se exporta-

Cascada del Asón. ▶

El Gándara. Un mirador permite disfrutar de los primeros pasos de este río y de sus sorprendentes cascadas.

El Gándara. A viewpoint allows us to enjoy the first stages of this river and its surprising waterfalls.

ba a Flandes e Inglaterra hierro, madera y cítricos y donde durante el siglo XIX se enviaba a América trigo de Castilla y vinos de La Rioja. En varias fincas particulares de Limpias, como ejemplo la del Parador Nacional, Palacio de Eguilior, existen bastantes árboles monumentales catalogados como Patrimonio Natural. A partir de aquí, donde el río sosiega su marcha olvidando las prisas y los saltos de sus primeros caminos, multiplica sus brazos y comienza a formar el gran estuario que alimentan las rías de Limpias y Treto, aguas de los ríos Asón y Clarín y sus afluentes, así como de diversos canales de Boo, Escalante, Argoños...

Puede decirse que el Asón es un río privilegiado. Nace en un Parque Natural y entrega sus aguas a la Reserva Natural de la Marisma de Santoña, de una extensión superior a las 3.500 hectáreas, declarada Zona de Especial Protección para las Aves (ZEPA), protección que se extiende a los encinares cantábricos de los montes Buciero, Brusco y Montehano, al borde de sus aguas.

Es un sistema de humedales de máxima importancia para las aves acuáticas; lugar de paso para las que, naciendo en el norte de Europa, invernan en el sur del continente o en el norte de África. Durante los meses de enero y febrero se concentra el mayor número, llegándose a juntar 20.000 aves de hasta 120 especies. Para poder disfrutar de esta riqueza existen, debidamente señalizados, itinerarios, miradores y un Observatorio de Aves.

Pueblos tan importantes como Limpias, Colindres, Carasa, Cicero, Escalante, Argoños, además de Laredo y Santoña, entre los cuales desemboca en el Cantábrico, disfrutan de este gran estuario cuya vista sorprende a todos los que cruzan el puente atirantado de Treto, en la autovía Santander-Bilbao, en cualquiera de las dos direcciones. Si de todas estas localidades se pueden citar ejemplos

Argoños, acostado en la falda sur de El Brusco, al borde de la marisma de Santoña. ▶

de patrimonio histórico-artístico, los templos de Santa María del Puerto de Santoña, y Santa María de la Asunción de Laredo, son dos magníficos ejemplos de arquitectura gótica, con ricos retablos. Ambas villas, por naturaleza y arte, merecen una visita reposada. Laredo, con su Puebla Vieja, es una población preciosa y su playa La Salvé, quizás sea con sus 4.200 m la más espectacular del Cantábrico. La bahía de Laredo y Santoña componen un conjunto espectacular. Desde la Atalaya de Laredo o desde el Buciero de Santoña se disfruta de una vista inolvidable, al igual que desde los paseos marítimos de ambas villas.

◀ Laredo.
Playa de La Salvé
y el monte Buciero
cerrando el estuario
del río Asón.

El Agüera

Es el más oriental de los ríos de Cantabria. Nace en las Las Encartaciones, Vizcaya, y en parte de su recorrido inicial sirve de frontera entre la dos regiones. Con sus primeras aguas riega el Valle de Villaverde, enclave cántabro en el valle vasco de Trucíos y desemboca por Oriñón, formando, como todos los ríos que arrastran una gran masa de arena, un estuario que en este caso nos parece estrecho, porque la gran peña de Candina, un espectacular acantilado, le marca el camino de su desembocadura. En el margen izquierdo una curiosa roca en forma de ballena varada permite el asentamiento de la pequeña población de Sonabia, perteneciente al Ayuntamiento de Liendo, que vive entre la paz de su aislada situación privilegiada y el grito exagerado de la mar, cuando se alborota.

El Agüera en su discurrir atraviesa, de Sur a Norte, el Real Valle de Guriezo, un valle amplio, bastante llano. Su máxima cota, el pico Las Nieves (779 m), es un extraordinario mirador, dominador de sus valles y donde hace siglos se erigió la ermita de Ntra. Sra. de las Nieves. A ella acuden, cada 5 de agosto, numerosos romeros que siguen festejando la tradición de sus mayores. Entre el pico Las Nieves y el cercano embalse El Juncal se encuentra un magnífico robledal.

En este valle de Guriezo, en 1820, se instaló un moderno alto-horno, La Merced, antecedente de los que más tarde se instalaron en Vizcaya y están documentados veintidós molinos harineros. La iglesia de San Vicente, en el barrio de Rioseco, es un extraordinario templo del siglo XVI, de tres naves de igual altura, magnífico ejemplo de las iglesias de planta salón.

◀ Guriezo. Palacio de Marroquín y su torre medieval.

Los valles intermedios

Antes de recorrer los paisajes, Villas y Ciudades de la costa de Cantabria conviene saber que en este limitado recorrido quedan, sin siquiera citar, numerosos valles y localidades cuya visita les sorprendería. Sólo a modo de ejemplo y sin que ello suponga preferencia sobre los no citados, valles con nombres tan evocadores como Anero, Anievas, Camargo, Cieza, Ibio, Lamasón, Alfoz de Lloredo, Liendo, Piélagos, Polaciones, Udías, Valdáliga... A todos ellos, estos y otros no citados, se les puede aplicar un texto que Ridruejo escribió al hablar de Liendo: *La gran belleza de los valles son sus paisajes, en cuya descripción mezclaríamos inútilmente los adjetivos verde-bravo-escabroso-idílico, en proporciones variables, sin llegar a dar una impresión mínimamente equivalente al modelo natural.*

◀ Puesta de sol sobre los valles interiores de Cantabria contemplada desde el mirador de Peña Cabarga.

La Marina

En su Geografía de España, Emilio Arija inicia así su descripción: *La costa es en Santander el complemento necesario de la Montaña para comprender mejor a la región cántabra, que es en definitiva la armónica conjunción de sus dos elementos fundamentales: costa y montaña. Las altas cumbres de la cordillera Cantábrica van perdiendo aspereza en su descenso al mar hasta fundirse en las suaves ondulaciones finales formadas por el borde litoral de las rasas marinas y sus sierras planas; esta zona baja es la que junto al litoral constituye la costa.*

La costa cántabra, generalmente dura y escarpada, en muchos tramos de difícil acceso desde el mar, cuenta también con hermosas playas de dorada arena y estuarios y puertos naturales. En la franja costera la proximidad del mar suaviza la temperatura y su benignidad –en relación con la de las zonas altas– y la calidad del suelo favorecieron el asentamiento de la población en mayor densidad que en el interior.

En el siglo XII, Alfonso VIII, procurando el desarrollo de los puertos cántabros, concedió Fuero a los que posteriormente se conocieron como las Cuatro Villas de la Costa, por orden cronológico en la concesión: Castro Urdiales, Santander, Laredo y San Vicente de la Barquera. Posteriormente también se concedió a Santillana del Mar. Gracias a estas concesiones estas localidades recibieron el

Páginas 98-99. Playa de Covachos.

◄ Comillas. Playa de La Rabia.

Santander. Paseo de Pereda.

título de Villas y otros privilegios que favorecían el asentamiento humano. En 1296 las Cuatro Villas junto con las de Bermeo, Guetaria, San Sebastián y Fuenterrabía, así como Vitoria, crearon la Hermandad de las Marismas para favorecer sus intereses en el comercio con la Europa Atlántica, con cierta semejanza a la "Hansa" báltica, fijando la capitalidad en Castro Urdiales.

San Vicente de la Barquera. Iglesia gótica de Santa María de los Ángeles. ▶

Castro Urdiales

Aunque en toda Cantabria la presencia de pequeñas pero numerosas sierras llegan, en ocasiones, a la misma línea de costa es en la zona oriental donde montes como Cerredo y Candina terminan bañando sus faldas en el mar. Castro Urdiales, la ciudad más oriental de Cantabria, *Portus Amanus* y la ciudad de *Flaviobriga* para los romanos, se erige en un espacio privilegiado de esta estrecha franja litoral. Javier Echavarría en su obra "Recuerdos históricos castreños" (1898) lo describe magníficamente: *La pequeña ensenada de la costa; la pequeña península inaccesible por mar y fácilmente defendible por tierra; la proximidad del monte, de la campiña y de la playa, y otros accidentes favorables del terreno, no pudieron pasar inadvertidos para los primeros pobladores de esta comarca, a quienes debe suponerse dispuestos a hacer asiento en un paraje que les ofrecía sustento fácil, abrigo seguro, estancia placentera y pronta y preparada defensa.*

El enorme desarrollo urbano de las dos últimas décadas han privado al viajero de algunas preciosas perspectivas lejanas, pero cuando nos acercamos al puerto nos asombra la extraordinaria escenografía de su conjunto medieval al tiempo que admiramos la belleza natural de su entorno. Con muy pocas palabras lo describió Edgar T. A. Wigram que en su libro "Northern Spain" (Londres 1906) dice: *Haría falta emprender un viaje muy largo, por cualquier costa, antes de hallar un pueblo más bonito que Castro Urdiales; y* es que es muy difícil encontrar en un castro marino, batido por el comportamien-

Castro Urdiales... *"La Atalaya es un complejo gótico-castellano como un escudo de armas".* Rafael González Echegaray.

◀ Conjunto medieval de Castro Urdiales desde el rompeolas.

to caprichoso del Mar Cantábrico, un conjunto medieval maravillosamente conservado a pesar de las vicisitudes históricas de Castro. *Pusiéronla sus fundadores sobre las rocas peladas que bate el mar. ¿Era espía del agua, centinela de la tierra, puerto, amenaza o refugio? En su cóncavo seno ofrecía amparo a las naves la naturaleza contra las iras de la naturaleza misma; para ampararla del hombre hubo el hombre de fundar murallas... Padeció guerras, erigió altares, armó galeras, adiestró arponeros; fue militar, devota, marinera, comerciante.* (Amós de Escalante: "Costas y montañas")

La Atalaya es un complejo gótico-castellano como un escudo de armas o una miniatura medieval o un grabado de la Europa renaciente. Todo lo preside el templo de mayor categoría artística de la región, con su historia prócer en su torre mocha, sus arbotantes aéreos y su desafío permanente a todos los vientos de la rosa; a su regazo se desparrama el Castillo con el faro, las peñas unidas de Santa Ana englobadas en el relleno del muelle de Alén y el arranque valiente del rompeolas, que empezó a construirse hacia 1902. En el recodo se mueren en la dársena pequeña, a cada bajamar, las boniteras en seco... (Rafael G. Echegaray: "Naufragios en la costa de Cantabria", 1960). Castro Urdiales en 1813, con motivo de la retirada de las tropas napoleónicas, fue muy maltratada: numerosos defensores fueron fusilados y su caserío incendiado. La ciudad moderna cuenta con magníficos ejemplos de arquitectura civil de los siglos XIX y comienzo del XX, un paseo marítimo bordeando el puerto hasta la playa de Brazomar, actividad comercial e industrial principalmente de automoción y empresas conserveras.

El obstáculo del monte Cerredo y la mole caliza de Candina, al otro lado de la ría de Oriñón, ha necesitado de la imaginación de los ingenieros para, ayudándose de túneles y viaductos, trazar la autovía del

Pescadores en el puerto y la iglesia de Santa María. ▶

Cantábrico que nos acercará a Laredo y Santoña; dejando al margen, en el recorrido, a Liendo uno de los valles que indicamos bien vale una visita si el viajero dispone de tiempo. Cerredo y Candina tienen destacado interés natural; Cerredo por su encinar cantábrico y Candina por ser albergue de una importante colonia buitrera marina, muy escasas en el mundo.

◀ Castro Urdiales. Cargadero de mineral de Dícido.

Laredo

En el gran estuario que el río Asón forma en su desembocadura, Laredo y Santoña gozan de una situación privilegiada. La Atalaya de Laredo y el monte Buciero de Santoña, enfrentados, defienden un puerto natural único.

Desde Laredo partía Juana la loca, hacia Flandes, al encuentro de su deseado esposo Felipe y su hermana Catalina lo hacía, para casarse, hacia Inglaterra, desde donde regresaría cuando Enrique VIII la abandonó. En Laredo desembarcaba Carlos V, cuando cansado regresaba para retirarse en Yuste. Después de siete días de descanso en Laredo inició su peregrinar por tierras castellanas hasta el monasterio de jerónimos de Yuste. Desde hace unos años, un viernes de septiembre, se revive en la playa de La Salvé una representación del desembarco y, durante tres días, Carlos V y su cortejo, recorren hasta Medina de Pomar, el camino hacia su retiro; y en Laredo Felipe II armó y de aquí salieron, parte de las naves que envió a conquistar la gloria y regresaron, las que pudieron, con los jirones de la derrota.

Antes, la iglesia de Santa María de Laredo es escenario de uno de los milagros de las *Cantigas de* Alfonso X el Sabio y ante su precioso Retablo de Nuestra Señora de Belén, oraron los Reyes y el pueblo. La Puebla Vieja, que estuvo amurallada y que en su parte alta preside el hermoso templo gótico de Nuestra Señora, conserva todo el encanto de su mundo histórico, rico en acontecimientos.

◀ Laredo. Puebla Vieja.

Laredo. Panorámica: La Atalaya, en primer plano, y el Buciero de Santoña, al fondo, cierran y protegen un puerto natural sorprendente.

Durante los siglos XVII y XVIII Laredo fue residencia del Corregidor de las Cuatro Villas.

La naturaleza regaló a Laredo la extensa y hermosa playa de La Salvé (4.200 m) que por el Puntal se une a la playa interior del Regatón formando el arenal más grande del Cantábrico. En los años sesenta del pasado siglo los franceses se enamoraron de las enormes posibilidades de esta preciosa playa, cuya belleza empieza a disfrutarse cuando viajando por carretera, desde Bilbao, y al comenzar a descender desde Tarrueza, contemplamos su hermosa panorámica. El urbanismo de Laredo cambió radicalmente cuando las viviendas familiares de los inicios del veraneo el el último tercio del XIX, se convirtieron en largas hileras de edificios en altura. Al pasear por al antiguo recinto fortificado de la Atalaya, convertido en parque, sin duda podremos compartir esta opinión: *El espectáculo es de una belleza insuperable, y para mí uno de los paisajes marinos que más me han conmovido, dentro de mi experiencia paisajística, que alcanza desde el río Muni, en la Guinea Continental, hasta el cabo de Narvick, en la costa noruega, por encima del Círculo Polar Ártico.* (Emilio Guinea: "Geografía Botánica de Santander", 1953)

Enfrente... Otra vez los textos de Rafael G. Echegaray y Amós de Escalante nos retratan mágicamente un hito: *El Peñón de Santoña, con la giba del Ganzo, es un monstruo acostado en la mar, dando abrigo a la cópula regia del Asón y el Cantábrico... Inmensa roca desigual y gibada, verde promontorio levantado sobre cimientos de rocas, rocas negras donde las roe el mar, rocas blancas donde las hace ceniza el sol.*

Laredo.
Puerto de
La Soledad. ▶

Santoña

No puede entenderse sin el Monte Buciero o Peñón de Santoña en cuya falda meridional se extiende al abrigo de todas las intemperies. Casi una isla (en la descripción de Pedro Teixeira, el Peñón, en muchas ocasiones, quedaba aislado por efectos de las mareas) está unido a tierra por el tómbolo que forma la playa de Berria, por donde se comunica con la Costa de Trasmiera, y por la carretera de los puentes que construida sobre la Marisma la comunica con la autovía Bilbao-Santander. Esta carretera de los puentes se construyó en el siglo XIX, después de que en 1842 Santoña fuera constituida Plaza Fuerte de 2º orden y necesitara una vía de comunicación que rompiera el aislamiento con su entorno.

Santoña es una villa moderna, totalmente llana, trazada militarmente a cuadrícula en el siglo XIX. El papel importante que la villa tuvo durante la Guerra de la Independencia está sobradamente documentada en los libros de historia pero no deja de sorprender encontrar una curiosa cita en un libro de viajes publicado en Londres en 1885: *Donde todo lo que se ve es interesante, es una monotonía alabar; pero forzoso es admitir que la posición de Santoña no tiene rival en toda la Península, quizá la única excepción sea Gibraltar. Situado como está, al pie de una montaña aislada, mirando hacia el centro de una bahía que podría recibir toda una flota de acorazados, tan cercada por la tierra que el interior siempre está en calma, por muy tormentosa que sea la tempestad de poniente, el lugar es toda una*

◄ Santoña protegida
por el Monte Buciero.

fortaleza natural, Napoleón no tardó en darse cuenta de su importancia. Cuando ese dirigente y destructor de hombres dio a su hermano el Reino de España, se reservó para sí mismo el pueblo de Santoña, que, para usar la expresión de la que él se sirve en un despacho poco conocido, deseaba convertir en el Gibraltar del norte. (Mars Ross y H. Stonehewer-Cooper: "The Highlands of Cantabria")

Santoña fue una importante plaza militar desde 1842 hasta 1931, lo que se reconoce por sus Fuertes y los cuarteles militares que se conservan y ello explica, en parte, su desarrollo y sobre todo su trazado urbano. Al desarrollo también contribuyó la llegada, en la segunda mitad del siglo, de un grupo de italianos que establecieron una industria artesanal de salazón del pescado y también la figura de Juan Manuel de Manzanedo, un santoñés enriquecido en las Américas a quién Isabel II concedió los títulos de Marqués de Manzanedo y posteriormente Duque de Santoña, quién dotó a Santoña, entre otras cosas, del magnífico Colegio de San Juan Bautista, hoy Instituto Manzanedo, reconocido modélico en su tiempo, y de un nuevo Puerto que con el paso del tiempo disputaría la primacía a los puertos del Cantábrico. *El puerto de Santoña, el 5 de abril de 1960, batía el record mundial de pesca. Entró en aquella sola jornada más de millón y medio de kilos de bocarte (anchoa). En aquel entonces en Santoña existían 50 embarcaciones y unas 100 fábricas y fabriquines de salazón, conserva y reductoras.* (José Tocino: "Apuntes para una Historia Industrial de Cantabria")

Santoña por su situación y entorno es de una gran belleza. En su gran alameda El Pasaje, al borde del mar, un monumento recuerda a Juan de la Cosa, el insigne marino santoñés, armador de la carabela Santa María, que acompañó a Colón en sus primeros viajes y fue el cartógrafo del precioso mapa en el que por vez primera figura el

Santoña.
Faro de El Caballo. ►

continente americano. Otro monumento homenajea al también santoñés Almirante Carrero Blanco. Como elemento curioso, al final del Pasaje y junto al puerto, se puede admirar una curiosa plaza de toros, edificada con las piedras de la muralla que abrazó a Santoña durante siglos. En el centro histórico, el templo gótico de Santa María del Puerto es testimonio del gran poder medieval del monasterio del mismo nombre y donde, entre otras muchas cosas, puede admirarse una magnífica pila bautismal románica.

La importancia ecológica de la Marisma y del estuario del Asón la hemos descrito en el texto anterior del Asón. El Parque Cultural del Monte Buciero tiene establecidas cinco rutas que permiten conocer toda la riqueza natural y cultural que encierra el Peñón: ecosistemas del bosque, ejemplo de encinar cantábrico; los faros y acantilados; el panorama desde las cumbres del Buciero (430m), la tradición pesquera y los Fuertes napoleónicos.

◀ Puerto de Santoña. Mirador sobre la Reserva Natural de las Marismas.

La Costa de Trasmiera

La Merindad de Trasmiera ocupaba la parte oriental de Santander hasta el río Asón. El occidente de Santander históricamente se denominó: Las Asturias de Santillana. En los valles altos, a la zona de costa de Cantabria la denominaban La Marina. La costa occidental de Cantabria era la costa o la marina de Santillana. A ella llegaremos.

El monte Brusco, que al oeste del Buciero cierra la playa de Berria, respalda, en toda su longitud (3.500m), la playa de Tregandín o Noja. La costa de Trasmiera es una sucesión de acantilados y playas por lo que ofrece un rosario de lugares turísticos famosos por sus playas y su gastronomía, además de su historia y arte: Noja, Isla, Arnuero, Bareyo, Ajo, Galizano, Langre, Loredo, Somo y El Puntal, (ésta ya en la bahía de Santander).

En estas playas y rías, al igual que las que alimentan la bahía de Santoña, funcionaron numerosos molinos de marea, de los cuales algunos se muestran museables como recuerdo etnográfico.

Langre es una hermosa playa cercada por un acantilado que se extiende entre los dos cabos que la cierran y las playas de Loredo y Somo. Estas playas de Loredo y Somo, la mañana de un domingo de agosto que coincida bajamar, se convierten en un espectacular hipódromo con reconocidas carreras de caballos. Estas costas, en ocasiones batidas por un Cantábrico enfurecido, han sido testigo de numerosos encallamientos de buques y naufragios.

◀ Noja. Niebla sobre la playa de Ris.

Francisco I. de Cáceres, en su hermoso libro *La costa de Cantabria*, cierra este capítulo con una descriptiva frase:

> *Fuerte contraste –cara y cruz de Trasmiera– el de la terrible belleza de la costa acantilada con al amable paisaje interior, cara al Sur, de anchas praderas, verdes y llanas, sobre el fondo de las colinas de Ribamontán.*

◀ Costa de Trasmiera.

Santander

Santander es una península con dos costas diferentes. La norte, accidentada, bañada por el mar Cantábrico, es –por sus características– continuidad de la que hemos empezado a recorrer en Ontón y acaba en Unquera. La sur es la costa doméstica y domesticada de la bahía; bahía que quizá habría que escribir con mayúscula porque la de Santander es la única bahía de España que pertenece al exclusivo Club de las Bahías mas bellas del mundo (Asociación internacional (...) que agrupa a las entidades que representan a una comunidad que tiene una fachada marítima en una bahía excepcional del litoral mundial. Pertenecen al club 29 bahías de un total de 23 países).

Santander que ha sido cantada por infinidad de poetas –de ellos sabremos más adelante– está magníficamente descrita por dos historiadores cuya biografía ha estado dedicada fundamentalmente al mar: *La ciudad se ha ido acostando sobre las dos lomas altas –la de la calle Alta al sur y la del paseo del Alta, al norte– y se desparrama entre cuestas prodigiosas, pindias y cortas; la puebla se alarga estirándose por la península avanzada que remata Cabo Mayor. Santander es una ciudad (...) que ha ido renovando su caserío a golpes de infortunio, dejando en catástrofes urbanas, a jirones, la vida de sus antiguas rúas y su abadía, y su recinto amurallado; su perfil costanero también desapareció y el viejo grabado de Braun con su arroyo de Becedo y sus Herrerías y sus Atarazanas es hoy un sueño difícil, prácticamente inimaginable. Pero la bahía, con el único*

◄ Santander. Galeones en la Magdalena y Faro de Mouro.

Santander. Plaza Alfonso XIII, Correos, antiguo edificio del Banco de España y Hotel Bahía.

cambio misterioso de sus arenales que vienen y se van, es la constante del paisaje -grandioso-, con las variantes al sur de los pueblos que nacen y los bosques que mueren. (Rafael González Echegaray)

La norteña ciudad ha mirado y mira siempre al sur, porque en el sur tiene la incomparable joya de su bahía, la gran lámina de agua rodeada de verdor, a la que se asoma la región toda, en increíble dosel de horizontes sucesivos de montañas. Paisaje total y a cada hora diferente, que no se cansan de admirar sus naturales y justifica doblemente el general amor a la patria chica. (José Luis Casado Soto). Y es que Santander es una ciudad, que aprovechando todos sus accidentes geográficos, es una ciudad anfiteatro edificada para contemplar los diferentes escenarios que le regaló generosamente la naturaleza: la bahía, la Magdalena, el Sardinero, Cabo Mayor.

Santander es, sobre todo, la bahía. Una bahía cambiante con el sol, con la lluvia, con la niebla, o cuando juega a dejar "algodones" escondidos en algún pliegue de Peña Cabarga o por los rincones del Miera, que en su encuentro con la bahía se llama Río Cubas. Y, especialmente, cuando su viento, el Viento Sur, al que los santanderinos amamos y tememos a la vez, la hace pequeña al "acercarnos" el paisaje que la enmarca, de forma tan nítida que nos lleva a la permanente tentación de pasar lista a todos y cada uno de los Picos que dan carácter al circo de montañas que rodea nuestra geografía; desde los orientales de Soba a los occidentales Picos de Europa, pasando por los pasiegos y campurrianos, todos ellos cantados por Gerardo Diego, pues toda la geografía de Cantabria forma parte del paisaje de la ciudad cuando, al borde de la bahía, recorreremos los kilómetros de sus paseos marítimos o nos asomamos a inesperados rincones de la parte alta de la ciudad o a uno cualquiera de sus miradores.

Santander. Palacete del embarcadero. ▶

Pero la bahía no fue siempre así. La iglesia de los Cuerpos Santos, la iglesia románica que está bajo la Catedral, guarda y muestra recuerdos históricos de la ciudad romana. Ese núcleo, hoy algo alejado del mar, está edificado sobre un acantilado que estuvo bañado por el mar hasta bien entrado el siglo XIX . Por necesidades urbanísticas, servicios del puerto o de su hinterland industrial, el hombre ha rellenado más de un tercio de la bahía.

◀ Santander. Claustro de la Catedral.

La Costa Norte de Santander

Entre la punta de Cabo Mayor, coronada por el espectacular faro que, desde 1839, levanta su esbelta torre de 30 m a 89 m, hasta la Punta del Águila, que vigila y cuida la desembocadura del río Pas, se extiende *"una costa dura y baja que se recorta en cantiles, plataformas y tajos profundos con formaciones caprichosas como el Puente del Diablo. Allí comienza la mar océano, imponente desierto verdeazul de líquidas montañas, que ondulan con ritmo lento y amenazador"*. (F.I. de Cáceres: "La costa de Cantabria")

Este faro, luz en las duras noches para los marinos, también ha iluminado la voz de los poetas. Sólo a modo de referencia, tres versos del poema "El faro", de Gerardo Diego:

Es la náutica rosa de los vientos
Tu luz, faro piadoso
Es la celeste estrella de las luces

Esta costa, que puede ser recorrida a pie por los que gustan de caminar, la integran La Franja norte de de la costa de Santander y la Costa Quebrada, que es el nombre con el que se conoce la accidentada costa de Liencres. En la mitad de este camino, vigilando y protegiendo, sobre un islote duro, batido por todas las mareas, se levanta el Santuario de la Virgen del Mar, patrona de la ciudad de Santander.

◄ Santander. Faro de Cabo Mayor.

Frente a la Virgen del Mar y los Urros de Liencres, pequeños arrecifes de formas caprichosas que protegen dos pequeñas playas de no fácil acceso, casi solitarias: Covachos y Arnía, ocurrió el 20 de abril de 1830 el galernazo del Sábado de Gloria descrito por José María de Pereda, en "Sotileza", en el que nada menos que 120 pesqueros del Cantábrico se hundieron en un dramático episodio recordado en todos los puertos de la costa. Pereda inicia así su descripción: *De pronto percibieron sus oídos un pavoroso rumor lejano, como si trenes gigantescos de batalla rodaran sobre suelos abovedados; sintió en su cara la impresión de una ráfaga húmeda y fría y observó que el sol se oscurecía y que sobre el mar avanzaban, por el noroeste, grandes manchas rizadas, de un verde casi negro.*

Pasados los Urros continúa el espectáculo de una costa singular. La playa de Valdearenas, tres kilómetros de arenal enfrentado al océano, abriga las dunas de Liencres consideradas por los naturalistas uno de los paisajes mas singulares de la costa cantábrica. A su espalda el Pas, que recibe ya las aguas saladas con el flujo de las mareas, forma la playa de Mogro y un abra, de gran belleza paisajística y es asiento de un campo de golf.

Desde cualquiera de los puntos que hemos citado se pueden contemplar, en algunos atardeceres de verano, puestas de sol inolvidables. Félix Rodríguez de la Fuente lo vio así: *Quienes piensen que las dunas no son hermosas, que vayan a Liencres en un grandioso atardecer de verano, cuando el sol, antes de sepultarse en el Mar, tiñe de oro viejo las móviles cumbres de arena, coronadas de crespas y salvajes cabelleras.*

www.costaquebrada.es/, con imaginación y sensibilidad, nos brinda alicientes para disfrutar: *Costa Quebrada es un tramo de litoral que sirve a la vez de escenario geológico y recreo de los sentidos, pues presenta de forma excepcional el trazo en el tiempo de la eterna lucha entre el mar y la tierra (...) Es un tramo de litoral que constituye*

Santander. Centro de Interpretación del Litoral en la Batería de San Pedro, en la Maruca. ▶

una verdadera aula de mar y tierra donde ambos docentes, en un libro de hojas de piedra, no sólo nos muestran el resultado de su áspera pero tierna relación en miles de años, sino que a través de las huellas en las rocas de distinto origen, estructura y composición que el mar va desnudando, nos lleva a intuir y conocer los procesos que a lo largo de millones de años , han dado lugar al relieve de Cantabria, constituyendo por así decirlo, un códice de la memoria de nuestra tierra.

Santander. Isla y ermita de la Virgen del Mar. Al fondo, los Urros de Liencres. ▶

La Costa Occidental

Seguimos caminando hacia el punto más occidental de nuestra costa, Tina Mayor, que acoje la desembocadura del río Deva. *Desde el mar esta costa (...) ofrece un panorama grandioso. Sobre la blanca espuma de las rompientes, los escarpados acantilados salteados por cortes o recodos de arena, asomándose al cantil, los prados siempre verde esmeralda, montados en segundo plano por los lomos verdinegros de las sierras costeras, dominándolo todo la magnífica eclosión de inmensa piedra nimbada de nieves perpetuas. Son las feroces cumbres desnudas de los Picos de Europa, alzadas contra el cielo a sólo escasos 20 kilómetros del litoral, imponente visión que ya describían los derroteros del siglo XVI de la siguiente manera "En esta costa están las montañas mas altas de toda Europa (Hoyarzábal, 1579)".* (José Luis Casado: "El litoral de las Asturias de Santillana")

Suances y Comillas son dos villas marineras y veraniegas. A sus espaldas el viajero debe conocer Santillana, la villa que no tiene mar; Altamira, el lugar mágico donde los artistas de hace 15.000 años salían al exterior para intuir, hacia el norte, el mar y buscar el descanso después de realizar el milagro de sus pinturas y Torrelavega, la segunda ciudad de Cantabria y solar de doña Leonor de la Vega la madre del marqués de las serranillas.

◄ Comillas. Vista del Seminario Mayor, desde el palacio de Sobrellano.

SUANCES, villa histórica, es el *Portus Blendium* de los romanos. Construyeron una calzada desde *Pisorica* (Herrera de Pisurga) hasta Suances para poder exportar a Roma la riqueza mineral que extraían del subsuelo. En Suances desembocan los ríos Saja y Besaya, que se han unido, poco antes, en Torrelavega, hasta donde casi llega la influencia marítima de la ría de San Martín de la Arena. En este paisaje situó Pereda el escenario de su novela "La Puchera" pues Polanco, lugar de su casa solariega, esta situado en este espacio. Precisamente el comienzo de la novela es la búsqueda de una respuesta a las rías: *Quién de los dos empujó primero, yo no lo sé. Averígüelo el geólogo, si es que le importa. Lo indudable es que el empuje fue estupendo, diérale quién le diera; es decir, el río para salir al mar, o el mar para colarse en la tierra. Mientras el punto se aclara, supongamos que fue el mar, siquiera porque no se conciben tan descomunales fuerzas en un río de quinta clase, que no tiene doce leguas de curso.*

Al Oeste, la Punta del Dichoso forma una ensenada que acoge, al margen izquierdo de la ría de San Martín, la Playa de la Concha, grande, luminosa. En "La Puchera", Pereda describe Suances "*encaramado, y como a horcajadas, en el mismo perfil de la costa y sobre su curva más alta"*. Hoy, Suances ha edificado, en anfiteatro, todas las laderas que descienden hasta las playas de La Concha o Los Locos, ésta al otro lado de la península que forma la Punta del Dichoso y que sirvió a la novelista Elena Soriano como escenario de su novela "La Playa de los locos".

COMILLAS se autodefine como "lujo de arquitectura y naturaleza". Es una de las villas cántabras más visitadas. Todo comenzó en 1878 cuando Alfonso XII visitó a Antonio López, después Marqués de Comillas, en su villa natal y posteriormente lo eligió como lugar

Comillas.
Palacio del Marqués. ▶

de veraneo en 1881 y 1882; incluso en 1881 se celebró en Comillas un Consejo de Ministros. La influencia del Marqués en la economía española y sobre todo en Cataluña atrajo a Comillas un grupo importante de veraneantes y de arquitectos y artistas que forjaron un conjunto urbano con extraordinaria presencia modernista y edificios como El Capricho, de Gaudí; El Palacio de Sobrellano y el Seminario, de Martorell; el Ángel, de Llimona, en el Cementerio; además del monumento al Marqués, la Capilla-Panteón, la Fuente de los tres caños... Todo ello justifica el enorme atractivo turístico de la villa. Comillas cuenta, además, con un paisaje privilegiado; espacio natural protegido al estar integrado en el Parque Natural de Oyambre.

EL PARQUE NATURAL DE OYAMBRE. Con una extensión de casi 6.000 hectáreas es un territorio costero engalanado con el telón de fondo de los Picos de Europa. Sus ricos ecosistemas: rías, playas, marismas, dunas, acantilados, masa forestal, todas con gran variedad de especies de flora y fauna; las rías de San Vicente de la Barquera y La Rabia; las playas de Comillas, Oyambre, Merón y San Vicente de la Barquera, con sus dunas, marismas y acantilados y la masa forestal de Monte Corona, constituyen este privilegiado espacio declarado Parque Natural en 1988.

Alfonso Ussía, vecino privilegiado de este espacio, en el Pregón del Día de Cantabria de 1994 nos recomendaba a los cántabros: *Tenéis que firmar un pacto de no agresión con la naturaleza. Respetad sus costas, sus cumbres, sus playas, sus valles, sus ciudades y sus pueblos. Que ni una playa más se quiebre, ni una aldea muera en su armonía, ni un paisaje agonice por la especulación y el mal gusto* y en un artículo de prensa titulado "Arena", con su enorme pasión descriptiva, escribía: *Las playas de La Montaña, amplias, cambian-*

Páginas 150-151. Comillas. Desembocadura de la Ría de la Rabia.

◄ Campo de golf de Santa Marina, en el Parque Natural de Oyambre.

tes, prodigiosas, interminables, bellísimas, están hechas para pasear. De Comillas a San Vicente de la Barquera, sólo el capricho de roca de algunos cabos y acantilados impide la continuidad blanca de sus playas. Blanca y ocre de arenas finísimas que harían feliz a cualquier veraneante mediterráneo (...) A un cuarto de hora de donde escribo, a quince minutos de paseo, el Cantábrico de La Montaña dibuja las mejores playas de España. Hoy el día ha amanecido brillante y claro. Los claros y los bosques se disputan sus verdes enfrentados (...) Cualquier nube esconderá el sol y la masa, con la playa nublada, despreciará su existencia, sus olas, su arena. Ahí es cuando la playa vuelve a serlo, cuando la arena vuelve a besar como un amante y la que reboza mis pies, a picarme como una maravillosa banda de escorpiones.

En esta playa de Oyambre un monolito recuerda la epopeya de "El Pájaro amarillo". Un avión que habiendo despegado desde una playa del Estado de Maine y tras 29 horas de vuelo sobre el Atlántico realizaba, en Oyambre, un aterrizaje forzoso el 14 de junio de 1929. El destino era Francia donde esperaban recibir, como héroes nacionales, a los tres primeros aviadores franceses que sobrevolaron el Atlántico.

SAN VICENTE DE LA BARQUERA. Todo el entorno natural de San Vicente, al igual que Comillas, está incluido y protegido en el Parque Natural de Oyambre.

La histórica y espectacular Puebla Vieja de San Vicente esta edificada sobre una colina, abrazada por rías y marismas, por lo que se divisa, desde larga distancia, por los diferentes caminos que hasta allí llegan. En 1876 Benito Pérez Galdós, acompañado por José María de Pereda, realizaron un viaje hasta Potes pues don Benito deseaba conocer pueblos y gentes de la provincia donde pasaba sus veranos desde su primer viaje en 1871. Las impresiones de este viaje las recogió con el título "Cuarenta leguas por Cantabria". Viaje lento, realizado al paso de caballería, con tiempo para ver y reflexionar, ritmo muy distinto del que solemos tener en nuestros viajes. La vida en Cantabria era muy diferente a la actual y las reflexiones que don Benito nos dejó de aquél viaje aunque hoy nos parezcan, en ocasiones, negativas tienen matices significativos.

Vencidos los cerros que dominan la ría, se distingue el incomparable panorama de San Vicente. La inmensa llanura del valle a cuyo extremo se alza esta villa, la proximidad del mar, la gallarda situación del caserío entre dos puentes, las lejanas y altísimas montañas que forman un fondo majestuoso y parecen agrandar aún más el paisaje, hacen de esta perspectiva una de las más admirables y sintéticas que pueden ofrecerse a la vista del viajero. Allí todo es inmenso; tierra, cielo, montes, praderas, río, mar, marismas. Hasta el mismo pueblo de San Vicente parece un pueblo de primer orden a causa de la maravillosa fantasmagoría que produce su situación al pie del cerro, en cuya cima está la iglesia; reflejando en el agua dormida sus casas pintorescas, largando a una y otra ribera sus dos puentes con los brazos como brazos con que se sostiene en los montes para poder zambullirse mejor en el agua. Tan bello es esto que verdaderamente da pena el ver que, a continuación de la perspectiva de San Vicente, venga San Vicente mismo, cuando lo mejor sería que después de ofrecerse en imagen lejana y fascinadora a los ojos del atónito pasajero, desapareciese y se ocultara allá entre hierbas de la mar o que se desvaneciera como la figura del humo en los aires (...) No se comprende que aquella gran ribera haya sido creada por Dios para sustentar al pobre San Vicente y que las inmensas marismas que quedan atrás no sustenten miles de calles y plazas donde hierva gentío afanoso...

Panorámica de San Vicente de la Barquera.

◀ Vista de San Vicente de la Barquera con el fondo de los Picos de Europa.

A Galdós le gustó el estuche pero no el contenido. Casi 140 años después sigue siendo válida toda su impresión positiva y queda fuera de lugar *venga San Vicente mismo*. En San Vicente, el viajero de hoy pasea feliz por un pueblo vivo, alegre, emprendedor, que cuida con pasión y muestra con orgullo sus monumentos, su historia.

Como contraste y afirmación, un texto de Rafael González Echegaray en "Naufragios en la costa de Cantabria, 1960". *Doblando Cabo Oyambre o Uriambre, según los gustos, surge la marina de San Vicente en un paisaje acaso el más admirable y completo de la costa del Cantábrico, cerrado al oeste con el contrafuerte de la cuarta villa de la costa y el dédalo de su enorme ría perdida a la pleamar en los recodos lejanos de la marisma. La parte occidental del saliente de Oyambre se llama Peñaentera, prolongada en unas restingas submarinas y desde ella arranca la playa de Merón, una de las más admirables de la costa con más de tres kilómetros de extensión, de punta a punta; la tierra desciende en lomas suaves y se desploma finalmente sobre la línea de la playa; como esperando los Reyes Magos de la mar, la Peña del Zapato -un zapato gigante- se levanta de la arena bajo el Monte la Braña, contrafuerte oriental de la seca bahía de San Vicente.*

San Vicente de la Barquera, preñada de historia, pintoresca sin rival en todo el Cantábrico, con su emplazamiento geográfico excepcional, caprichoso e insospechado es así en la despedida de los puertos montañeses camino de las asturias asturianas.La villa sobre el espinazo de un roquedal coronado del castillo y la parroquia, es acaso lo más bonito de nuestra geografía y, al llegar la pleamar, el Cantábrico se encarga de rebosar la marisma gigante de su ría -la ría de San Andrés- en sus dos brazos del Peña Candiles y Barcenal, al este y el Peral al oeste que la bañan de mar salada y casi la rodean por completo, como una isla de San Michele, entre montes, y durante unas horas.

El Puente de la Maza -32 ojos- y el Puente Nuevo, se gozan sintiéndose brazos providenciales sobre la vieja puebla de calles pindias, soportales en fila y barquías en seco sobre la carretera. Arriba, en una capilla a babor de la nave central de la parroquia, don Juan Corro, cardenal sibarítico del renacimiento por las trazas e inquisidor prudente de Sevilla por los hechos, entreduerme una sonrisa escéptica leyendo alabastro, incorporado sobre la maravilla excepcional del mausoleo. ¿Qué no hubiera dado don Marcelino en su rebusca heterodóxica por haber podido descifrar el título invisible de aquel libro misterioso que arrancaba semisonrisas al inquisidor?

Pasado San Vicente, en la costa acantilada dominada por alturas planas, se siguen abriendo playas y entrantes. Sobre la preciosa costa de Prellezo se eleva el monte de La Jorca enfrentado al alto de Pechón y entre ambos se abre camino la ría de Tina Menor, desembocadura del río Nansa. Entre Tina Menor y Tina Mayor, por donde desemboca el río Deva que poco antes ha recibido las aguas del asturiano río Cares, la sierra plana de Pechón, esconde al viajero el pueblo del mismo nombre, la playa de Amió y la isla Sarnosa.

Valeriano García-Barredo Alonso

Costa de Prellezo. ▶

◄ Península y sierra plana de Pechón, en el extremo oriental de la costa de Cantabria.

El Arte en Cantabria

La mayor parte del suelo de nuestra geografía cántabra está formado, felizmente, por afloraciones calizas. La milenaria labor erosiva del agua preparó el soporte natural subterráneo donde el hombre prehistórico pudo eternizar su capacidad creadora dejándonos el testimonio inconsciente de la primera genialidad artística de la humanidad. Si sólo hubiésemos sido tierra, como ahora somos cripta, el apasionante suceso de Altamira no hubiera sido transmitido. La geología se puso así de nuestra parte, y el silencio y el misterio de las cuevas fue algo más que una paciencia cósmica. Ayudó al hombre a soportar las inclemencias y le ofreció, además, un lugar donde le fue posible fijar las grandes inquietudes de la mente. El primitivo magdaleniense, distante más de doce a catorce mil años de nuestro presente, vivió y recorrió las montañas y las costas de Cantabia y perennizó en la entraña misma de la roca el más viejo fulgor de unas posibilidades imaginativas que le constituyeron como arranque del último eslabón evolutivo de la especie humana.

Páginas 168-169. Altamira. Pinturas rupestres.

◀ Las Monedas, Puente Viesgo. Ciervo.

Cuando Marcelino S. de Sautuola vio por primera vez en 1879 (ya hace más de un siglo que Cantabria ofreció al mundo uno de los más trascendentales descubrimiento de la historia del arte), la bóveda de la cueva de Altamira, con sus espléndidos bisontes, y dió a estas pinturas una atribución paleolítica, se produjo una conmoción que afectó al propio concepto que en aquella época se tenía de la mentalidad del hombre prehistórico. Éste, creído hasta entonces salvaje e

Grabados rupestres. Diez cuevas de Cantabria han sido reconocidas por la UNESCO como Patrimonio de la Humanidad.

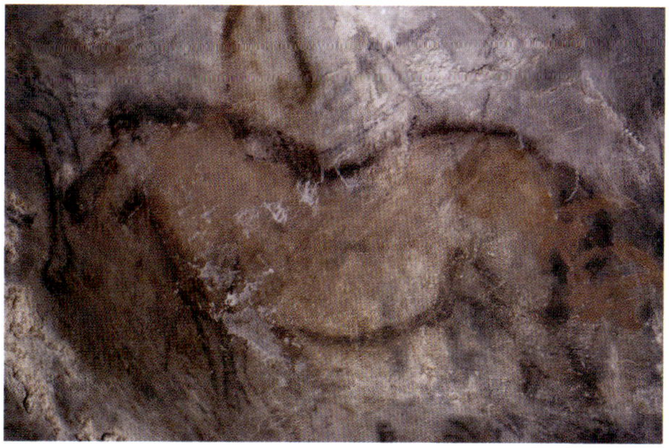

inicial, se engrandeció repentinamente en el criterio del intelectual que inauguraba el siglo XX, que hubo de retroceder miles de años al intentar buscar el alba del arte univeral. Sumeria y Egipto se quedaron muy próximos. Altamira fue un paso gigantesco hacia atrás. Las estatuas sedente de Gudea o el escriba sentado estaban mucho más cerca de nosotros que los bisontes de Altamira del arte mesopotámico o egipcio. Fue un triunfo inesperado de Occidente que ganó así, y con holgura, el puesto de pionero en la creación artística. Un hombre ocho mil o diez mil años antes que el creador de las civilizaciones del «creciente fértil» oriental demostraba, con Altamira, que en el extremo más occidental de Europa, en nuestras montañas de Cantabria, había alcanzado un grado de evolución mental hasta entonces insospechado. Fue un montañés, Sautuola, y en su tierra, la Montaña, quien trastornó totalmente un esquema filosófico y artístico que se creía inalterable. Por eso Altamira sigue siendo el símbolo –a pesar de los numerosos descubrimientos similares en técnica y cronología que después fueron sucediendo en Europa– de la grandeza que el hombre prehistórico alcanzó en la representación artística.

¡Qué buen comienzo para la historia del arte de Cantabria! El más bello y sorprendente conjunto del inicial grafismo humano subyace en las oscuridades de una cueva montañesa. Es difícil poder ofrecer, como lo hace Altamira, el testimonio del primer genio creador, porque cualquiera de los bisontes de nuestra cueva es la culminación que produjo la Tierra. El artista de Altamira –innominado, oscuro, olvidado, desconocido– es, más que un hombre, un idea; o una huella sin persona, la salvación de un manifiesto que se libra del tiempo y que se abriga en el espacio reducido de un cimbre. En la bóveda, llena de rojos, quedó un mensaje a la historia que habría de venir, a todos los herederos de una humanidad que allí mismo empezaba a ser consciente de la supremacía. Altamira fue un grito de poder, una confesión encubierta de esperanza. Y para nosotros, para el hombre moderno, una lección de humildad al soberbio progreso y el convencimiento de que la inteligencia creadora podía muy bien convivir con la ignorancia. De Altamira a Picasso hay muchos milenios de tiempo pero un solo instante de creación; ambos han sido el primer y el último destello de un sólo milagroso hecho: el homo sapiens.

Caballos, ciervos, bisontes

Y es curioso que quien se despega, ya abiertamente del «filum» de la animalidad tomase a ésta como motivo de sus expresiones artísticas, porque todas nuestras cuevas de Cantabria se llenan de caballos, de ciervos, de bisontes. Las cuevas del Castillo en Puente Viesgo, las de Ramales, las del Cuco o Cobrantes, las últimas descubiertas en el valle del Nansa, son repeticiones del síntoma de Altamira. Uno podría pensar hasta que en un deseo diferenciativo del hombre prehistórico, en una afirmación valorativa de la especie: por una parte yo, el hombre, que pienso, creo, decido y venzo, y por otra esos otros seres que se me parecen, en la vida y en la carne, pero que son mucho más cortejo que equivalencia.

Al desaparecer la última glaciación, el arte prehistórico –despierto y efusivo en transmisiones– se eclipsó durante varios miles de años. Las razones de esta decaimiento artístico se nos escapan. ¿Emigró el hombre paleolítico de Cantabria detrás de las manadas de caballos, renos o bisontes que buscaban hacia el norte de Europa ambientes climáticos que en nuestras montañas se perdían? ¿Se produjo una de esas involuciones culturales que son extrañas en la línea general del desarrollo de la especie humana? ¿Hubo un cambio de creencias, de mitos, apagándose así la misma necesidad de las representaciones? El hecho fue que el arte se empobreció o que, continuándose, no se utilizó para él el soporte que le hacía permanente: la roca y el hueso. El beneficio del clima, además, apartó al hombre de las cuevas y buscó el exterior para sus chozas. Solo como recuerdo, como tradición de aquella conexión con lo subterráneo, llevó a los muertos al silencio de los hipogeos que un día fueron su cobijo. Las expresiones artísticas quedaron así reducidas, en la Edad del Bronce (hacia el 2000-1000 a. de J.C.) a simples decoraciones geométricas en las cerámicas que acompañaron al rito del sepelio. El naturalismo del hombre paleolítico se perdió totalmente, como si estos nuevos hombres no hubieran podido lograr la armonía espiritual colectiva que caracteriza el apogeo de las civilizaciones. De aquel mundo expresivo de formas vivas y espléndidas se pasó a un simbolismo de abstracciones lineales. Las vasijas del AER, en Ramales, o de los Avellanos, en La Busta, son muestras de unas culturas que pierden en cierta manera la alegría y la seguridad de un vitalismo que brotaba de un hombre prendido y absorto por la naturaleza. Y las pinturas de Ruanales (Valderredible), de esta misma época, con sus monigotes esquemáticos, se resiste uno a creerlas diez mil años más modernas que Altamira, si no fuese porque ellas representan una cultura que nada tiene que ver con aquella paleolítica y que nos llega en apéndice occidental de un sistema de interpretación que tiene sus raíces en Oriente. La agilidad y el expresionismo del arte rupestre o mueble magdeleniense se hunde al concluir esta época. Cantabria no volverá a recibir impulsos artísticos de envergadura hasta que las corrientes greco-romanas lleguen también de reflejo a esas montañas, porque lo poco que conocemos del arte de los pueblos cántabros anteriores a estos nuevo síntomas de perfeccionismo mediterráneo es todavía bastante decepcionante. Las gigantescas estelas de Barros, Lombera o Zurita, preciosos y originales monumentos, traducen más los impulsos de creencias o ritos que los ánimos de una sociedad que goza

Estela discoídea cántabra de Lombera. ▶

de las formas vivientes y trata de exaltarlas afinando al máximo el orden de las proporciones y la sensación real de sus disposiciones naturales. Estas gentilidades de origen europeo que llegan a la Montaña en el primer milenio antes de Jesucristo, conocedoras y portadoras del hierro, y que van a inmortalizarse por su lucha contra Roma, no se despegan abiertamente al geometrismo decorativo que como norma esclavizadora parece imponerse durante milenios en la civilización occidental. Al progreso técnico y material –véanse como ejmplo los materiales procedente del poblado cántabro de Celada Marlantes– que se produce (conocimiento de los metales, nuevas armas, agricultura, domesticación de animales, etc.) no corresponde igual apogeo artístico, y ello posiblemente porque estos pueblos no logran una unidad política y, como consecuencia, un destino social y espiritual común, que son sin duda los elementos indispensables para la eclosión de una gran arte, tal como vemos en los grandes imperios de Egipto y Mesopotamia y en la civilización greco-romana.

La romanización

La estela de Zurita, conservada en el Museo Regional de la Prehistoria de la capital montañesa, tiene ya un gusto iconográfico mediterráneo. La escena en relieve del jinete y los dos guerreros de a pie, con sus armas, no anticipa, aún en lo cántabro, los gustos que unos siglos después va a imponer la romanización. Esta se produce en nuestra región desde el comienzo de la Era, a partir de la coquista, en tiempos de Augusto, de la cornisa cantábrica, que completa el dominio de la península ibérica por parte de Roma.La corriente cultural igualatoria que se implanta desde los desiertos de Siria al Atlántico arrolla pues a nuestra región y aniquila cualquier otro intento distinto de civili-

◄ Julióbriga.

◀ Estatuilla romana, de bronce, hallada en Castro Urdiales.

Potes, Torre del Infantado. ▶

zación. El arte se encauza en el realismo humanístico mediterráneo que renueva la visión y la estética llevándolas al concepto limpio de las formas naturales que ya habíamos conocido milenios atrás en la pintura magdaleniense. El símbolo, antes geometrizado, querido abstracto voluntariamente, no se pierde en lo romano, pero se supera en el hombre que va a ser el eje y la matriz de toda representación, incluso de la divina. Cantabria olvida las líneas, las cruces y los meandros del gusto céltico y se amolda a una expresión antropocéntrica que ya no abandonará. Sin duda el ejemplar más valioso que del arte romano que conservamos en la Montaña es el famoso plato de Otañes (Castro de Urdiales), excepcional pieza de orfebrería –plata y oro–con escenas referentes al aprovechamiento de las aguas medicinales de una fuente divinizada: «Salus umeritana». También en Castro apareció una estatuilla de bronce de Neptuno de gusto clásico. La ciudad cántabro romana de Julióbriga (cerca de Reinosa) y la misma Castro (colonia de Flavióbriga) siguen proporcionando en el subsuelo muestras inequívocas de la huella artística romana: cerámicas en «terra sigillata», camafeos, entalles, monedas, ruinas de edificios, etc.

Desde este momento, paisaje exterior y arte van a ir componiendo una unidad inseperable, porque las generaciones que se suceden dejarán en apartados rincones de nuestros valles o en parajes de insólito silencio los testimonios arquitectónicos que la fe o la necesidad les impulsaron a construir. Mucho antes, el arte se acogió al paisaje subterráneo, tan impresionante como misterioso, de las cuevasa prehistóricas, pero cuando el cristianismo –más revolución de espíritu que cultura– se aproxima a las montañas de Cantabria, parece que la libertad del sol y del campo se imponen. Pero dejando aparte Altamira y su época, en donde la Montaña adquiere primerísima categoría internacional, el valor artístico que se produce en nuestra región no suele desbordar los límites de lo popular. Hay que tener en cuenta

Ilustración de un Beato.

Iglesia mozárabe de Santa María de Lebeña.

Valderredible.
Iglesia Rupestre
de Arroyuelos. ▶

que la línea de montes, de altura no despreciable, que nos enmarca por el sur hace difícil la penetración intensiva de las culturas y que la misma geología movida del interior obliga a compartimentos humanos que tienden al aislmiento. Sin embargo, cuando la invasión musulmana a comienzo del siglo VII constriñe a muchas gentes romano-visigodas de la meseta a acogerse a nuestros valles, se producen en éstos un crecimiento demográfico y en consecuencia una revitalización de la sociedad campesina. Cantabria se instaura como foco de civilización y emprende una de las aventuras históricas más complejas y emocionantes del pasado hispánico: la creación de una fuerza inicial destinada a recomponer las crisis que produjeron las embestidas árabes. La figura del monje Beato, trabajando en el apartado rincón de Liébana, es el primer destello de una fuerza cultural autóctona que tanta trascendencia había que tener, en cuanto al arte, en el nacimiento de la miniatura medieval.

Santa María de Lebeña

En el mundo desmembrado de la Alta Edad Media europea, Cantabria, con Asturias, será el pequeño escenario de una monarquía unificadora que tomando como apoyo la tradición gótica intentará crear una oposición decidida al Islam. Grupos humanos lanzados a las empresas de repoblación y reconquista, crearán los primero síntomas arquitectónicos medievales. El estilo asturiano, tan innovador y original en la vecina provincia, hubo de tener sus refljeos en nuestra tierra, como lo prueba un capitel de clara inclusión en este arte procedente de la iglesia desaparecida de Las Presillas y, posiblemente, la pequeña Cueva Santa en los alrededores de Santo Toribio de Liébana. Estos mismo núcleos rurales y monásticos fueron los que excavan las humildes iglesias rupestres de Valderredible, abier-

Iglesia románica de San Martín de Elines.

tas en la roca arenisca, y que debieron ser realizadas entre los siglos VII y IX, así como la de Socueva en las proximidades de Arredondo. La pobreza con que este reino iniciaba su ejecutoria, en contraste con el enorme espíritu que la promovía, no permitió espectaculares obras arquitectónicas. Había, sí, un intento de renovación prendido al pasado, pero las posibilidades eran muy pocas. Un siglo después, en el decímo, fortalecida la monarquía y más enriquecida la nobleza, al tiempo que las corrientes artísticas de las más culta y organizada España árabe eran admitidas, las iglesias se construyeron con fábricas siempre tocadas de reflejos califales. La Montaña nos ha dejado de este momento una casi completa capilla en el pueblo lebaniego de Lebeña. En Santa María de Lebeña, hoy parroquia, construida en una rincón de inusitada belleza donde las blancas y robustas montañas de caliza viva eclipsan y empequeñecen todo intento de competencia humana, los condes Alfonso y Justa petrificaron sus convicciones religiosas en una pequeña basílica, joya del arte mozárabe, modelo de proporciones, donde el alfiz, arcos de herradura y modillones de rollos apuntan hacia aquel mundo artístico cordobés entonces foco primordial de la cultura mediterránea.

Bien seguro que este siglo X, que en Cantabria se muestra particularmente progresivo, vió contruir otras iglesias del tipo de la de Lebeña, pero el tiempo destructor o el hombre tantas veces desconsiderado con su pasado las han hecho desaparecer. Sólo otros dos ejemplares mínimos nos quedan, más humildes aún, más bastardeados: la pequeña ermita de San Román de Moroso, hoy oculta entre bosque y apartada, con arco califal y canecillos de igual inspiración, y el ábside de Helguera, en Iguña, que es el mejor ejemplo de la casi total destrucción de los viejos monumentos. También San Martín de Elines guarda aún los restos de lo que debió ser otra interesante iglesia mozárabe.

Santillana del Mar.

Cuando va muy avanzado el siglo XI, y como consecuencia de las cada vez más insistentes incidencias euripeístas en los reinos cristianos de la península, Cantabria recibe también brisas innovadoras. La unidad artística que el románico impone en lo que había sido todo el imperio romano llega a nuestras montañas y, –aprovechando la implantación de un modelo nuevo de sociedad organizada alrededor de grandes monasterios– comienza la edificación de iglesias que estarían acabadas en la primera mitad del siglo XII. Este despertar constructivo, equivalente, aunque con retraso, al que hizo decir al monje Raúl Glaber que la cristiandad se había revestido del blanco ornato de las iglesias, va cambiando en algo má de un siglo la fisionomía monumental de nuestros valles. Santillana del Mar sustituye una casi segura más vieja iglesia por la basílica que hoy podemos contemplar, de tres naves, linterna, tres ábsides semicirculares en la cabecera y capiteles iconográficos de rica talla. Castañeda levanta en el mismo estilo otro monumental obra de sillería de bóveda. La vieja calzada romana que seguía la cuenca del Besaya se establece como vía principal comunicadora de todas las innovaciones políticas, culturales y artísticas que el reino de Castilla, al que pertenecemos, va incoporándonos. El románico se extiende por todo el ámbito regional, tanto en Valderrible como en Campoo y en los valles interiores de aguas al mar. La iglesia de San Martín de Elines conseva en los muros del ábside los únicos restos de pintura románica que han podido mantenerse. Cervatos levanta una nueva fábrica para un monasterio ya fundado en el 999 por el conde Sancho de Castilla. Liébana y la zona costera conocen las novedades del románico. En el valle lebaniego dos monasterios de importante trascendencia en la repoblación de la comarca: Santo Toribio y Santa María de Piasca, se construyen en románico. El primero perdería la vieja traza para sustituirla casi totalmente en el siglo XIII por la actual gótica. Santa

◀ Santa María de Piasca. Detalle de la portalada románica.

◀ Santillana del Mar.
Claustro de la Colegiata
de Santa Juliana.

María de Piasca, construido casi todo a fines del XII, representa la cúspide de la última escultura ricamente decorativa con que se despide el arte románico. También a finales de este siglo se construiría en Santillana su famoso claustro y una monumental portalada ya desaparecida alguno de cuyos elementos escultóricos se guardan aún en las crujías de aquél.

El paisaje monumental de Cantabria se va configurando. Los pequeños pueblos se acomodan al cobijo de la iglesia y la vida en los valles giran alrededor de los poderes eclesiásticos o nobiliarios. Estos últimos precisarán de las torres defensivas que serían, con la arquitectura religiosa,pétreas moles indicadores de los habitat rurales. Aún existen algunas, más o menos caídas, coronando pequeñas alturas, sosteniéndose de milagro, como la del Merino en Santillana, la de Obeso en la cuenca alta del Nansa, la del Proaño que llegó a conservar hasta fines del pasado siglo el último eslabón de aquella clase social privilegiada de los hidalgos en la persona casi legendaria del «sordo» de Proaño, el historiador y cronista Don Angel de los Ríos. O la de Ruerrero, abierta y vencida, desmoronada y olvidada, que apila su ruina sin que nadie intente volver a recomponer unos muros dignos de mejor suerte.

Pueblas y catedrales

El intento por parte de los reyes de Castilla Alfonso VII y Alfonso VIII de revitalizar el comercio y de mantener una armada, da lugar a la concesión de fueros a las villas de las costa, como Santander, Castro o San Vicente de la Barquera. Los centros costeros ven aumentar la población con hombres libres que organizan las primeras pueblas bajomedievales. Sus viejas iglesias se demolerán para cons-

Santander. Catedral. ▶

Isla. Iglesia de San Julián y Santa Basilisa.

truir otras, ya góticas, de mayor cabida y solemnidad. La catedral de Santander, Santa María de Castro de Urdiales, Santa María del Puerto, en Santoña, la de los Angeles de Laredo o la de San Vicente de la Barquera se levantan como espléndido testimonio de un estilo más solemne que viene a sustituir a aquél más campesino y humilde del románico. Y así como sucedió en el siglo XII, Cantabria sigue siendo un apéndice de las corrientes artísticas que predominan en Europa, aunque siempre se manifiesten con particular ruralismo debido a las especiales condiciones económicas de la región. Comienzan ahora, sin embargo, a componerse los primeros núcleos urbanísticos que, aunque modificados a través del tiempo, crearon pueblos y villas de destacado carácter, como Santillana del Mar, Laredo, Bárcena Mayor, Carmona, etc., verdaderas reliquias llenas de encanto y nostalgia sobre un paisaje que favorece perspectivas y emociones.

Si bien la arquitectura gótica tuvo ejemplares muy dignos, como hemos visto, e implanta las técnicas de abovedamiento de crucería, prolongándolas hasta casi el siglo XVIII, nada ha quedado de retablos de escultura y pintura de esta época. Hubo de haberlos, sin duda, pero posiblemente desaparecieron con las innovaciones posteriores de las iglesias promovidas sobre todo con el oro traído por los «indianos». Sólo en algunas pequeñas iglesias escondidas entre las montañas de Valdeolea, y siguiendo un organización casi románica,se cubrían algunos ábsides con pintura mural de un gótico avanzado en donde hay vislumbre renacentistas. Todo ello parece de un mismo taller popular que trabaja también en el norte de Palencia. Al propio tiempo –finales del siglo XV– las relaciones directas y marítimas con Flandes, o tal vez los viajes reales que parten de, o llegan a nuestras costas, son la causa de la existencia de importaciones directas de obras de arte que realizadas en talleres europeos quedarán para siempre en alguna de las iglesias de Cantabria como piezas

Santander. Claustro del Monasterio de Monte Corbán.

excepcionales muy por encima de esas expresiones populares e indígenas. El retablo de Belén, en la iglesia de Laredo, está a la altura de lo mejor que en escultura se está produciendo en la época. Obra segura de un maestro flamenco, debió de formar en su día un tríptico dedicado a Nuestra Señora, con numerosos grupos de pequeño tamaño con escenas del Viejo y Nuevo Testamento y escultura mayor de claro influjo directo de la pintura de Van der Weyden. En Santoña, en la Iglesia de Santa María de Puerto, el retablo de San Bartolomé contiene seis tablas espléndidas firmadas por Petrus Nicolai Moruali, pintor de Brujas, del primer cuarto del siglo XVI. También el retablo mayor de Santillana es obra excelente de la misma época, con estructura arquitectónica gótica y tablas relacionadas posiblemente con el círculo de León Picardo, llenas de inspiración flamenca.

Retablos pintados en esta época casi no existen. Tan sólo conocemos un pintor que, por innominado, no podemos asegurar que fuese montañés, al que vemos realizar las tablas de Rozas de Soba en los años mediados del siglo XVI.

Poco se nos ha conservado de arquitectura renacentista. Así como en Castilla el plataresco fue un arte peculiar, y en algunos casos obra de maestros montañeses, extraña que nuestros propios canteros no hayan dejado ningún trabajo destacado en su tierra, porque algunas fachadas o puertas de iglesias, como las de Arnuero o Pámanes, construidas a finales del XV o principios del XVI, deben adjudicarse más a las postrimerías del gótico que al nuevo estilo que invade la meseta. Sólo el claustro de Monte Corbán, de dos pisos, es un bello ejemplar de patio renacentista castellano aunque más escueto y limpio que sus mayores. Como retablos, en lo plateresco, sólo puede citarse el del Arnuero, de 1542, verdadera pieza de excepcional arquitectura.

Valderredible. Iglesia románica de Castrillo de Valdelomar.

◀ Tudanca. En Primer plano la Casona de José Mª de Cossío.

Mayor solemnidad y prestancia hallamos en las iglesias barrocas de Cantabria, aunque tampoco ninguna de ellas pueden equipararse a la grandiosidad que este arte produce en el resto de España. Sin embargo, monumentos como la parroquial de Cigüenza, la capilla del Lignum Crucis de Santo Toribio de Liébana, el convento de Nuestra Señora del Soto, San Sebastián de Reinosa o la iglesia de Rucandio, en la Cavada, son edificios de proporciones no desdeñables que, en la mayoría de los casos, pueden construirse gracias a la generosidad de los emigrantes. Al propio tiempo son muy singulares de nuestra tierra ciertas iglesias de factura barroca que cubren con bóvedas góticas arcaizantes, como las de Liendo, Guriezo, La Bien Aparecida, etc. La mayor parte de ellas guardan retablos barrocos de artistas imagineros montañeses, sobre todo del taller de Limpias, que trabajan bajo estética y factura similar a la de los grandes escultores castellanos, aunque con rusticidad que descubre una categoría más inferior y limitada. El museo diocesano Regina Coeli, en Santillana, expone y conserva gran número de imágenes de este arte rural, muy tosco pero emotivo, que caracteriza a nuestra escultura policromada.

La escultura funeraria tiene en la Montaña una destacada presencia. Comienza ya con figuras yacentes en madera o piedra durante los siglos XIV y XV, como el sepulcro de Munio Gonzales, en Castañeda; el del conde de Agüero (hoy en el Museo Diocesano de Santillana), o el doble de la familia Corro en San Vicente de la Barquera. En el siglo XVI alcanza su máxima perfección en el marmóreo del inquisidor Antonio del Corro, también en San Vicente, obra que se supone de Juan Bautista Vázquez. Durante el barroco predomina la iconografía orante, que representa al difunto en esta postura y casi siempre bajo el arcosolium. Muchos nobles, eclesiásticos, militares o hidalgos montañeses construyeron así sus sepul-

Piasca. Portalada de la iglesia de Santa María. ▶

◀ Riocorvo-Cartes, escudo nobiliario.

cros en los siglos XVII y XVIII. Sobresalen las figuras de Alonso del Camino, en Ajo; las del matrimonio Velasco-Fernández de Isla, en Isla; las de Acevedo, en Término, y muchas más.

Casonas de la Montaña

En los siglos XVII y XVIII, sobre todo, la arquitectura civil montañesa logra un tipo de casa rural que, con variaciones determinadas por su humildad o grandeza, repite una serie de peculiaridades a las que obliga el ámbito campesino y las condiciones climáticas de la región. Es común a todas ellas la existencia de la «solana», balconada abierta en el muro del sur entre dos contrafuertes o antas que la protegen lateralmente, y soportales de uno o más arcos de medio punto que dan paso al zaguán. Algunos ejemplares llevan salientes tejaroces cuyas vigas pueden estar ricamente trabajadas. Cuando estos edificios alcanzan proporciones destacadas que las diferencian del resto del caserío y son tradionalmente solares conocidos de hidalguía suelen denominarse «casonas». En casi todas ellas existe la rúbrica repetida del escudo nobliliario, elemento que adquiere en las mansiones montañesas particular importancia por ser el testimonio de una ejecutoria familiar de viejo arraigo. Tallados en la piedra y colocados en las «portaladas» –que pueden abrir monumentalmente el encintado de propiedad patrimonial–, o sobre las fachadas principales, se recargan de motivos escultóricos que adquieren a veces inusitado tamaño y barroquismo, como el famoso escudo de «los hombrones» en la casa solariega de los Villa en Santillana del Mar. Las «casonas» más ricas construyen su capilla incorporándola a la estructura general de la casa, o exenta, pero muy próxima a la vivienda. En ambos casos, estos oratorios particulares suele cubrirse con bóveda de nervios complicada que puede ir o no pintada. A finales del siglo XVIII la acumulada riqueza de algunas

◀ Cabuérniga. Casona típica montañesa.

◀ Palacio e Iglesia-Panteón del Marqués de Comillas.

familias y el afán palaciego del barroco llegan a romper la línea típica de la «casona» convirtiendo a ésta en un verdadero palacio; caso por ejemplo, del italianizante de Soñanes (Villacarriedo), o del de Pámanes, no tan desligado como aquel de las tradiciones locales.

En el siglo XIX Cantabria vive las influencias del intelectualismo modernista. Las artes van ganando aceptación pública y cosideración personal y social, de modo que el anonimato desaparece. La ciudad, Santander, pasa a ser el foco de las creaciones y los núcleos rurales pierden vigencia. El estudio, las técnicas, las comunicaciones que acercan las corrientes estéticas, van valorando el individualismo, al tiempo que las modas historicistas en arquitectura imponen estilos académicos. El mismo influjo de las academias opera sobre el arte pictórico en el cual casi desde el gótico habíamos permanecido estériles. Escultura, arquitectura y pintura las conocemos ahora por los nombres de los artistas, hasta nuestros días. La arquitectura, tanto civil como religiosa, bascula entre diversas direcciones que tratan de inspirarse en los estilos históricos entre los que va a predominar el neo-gótico, como la Asunción de Torrelavega o los Padres Jesuítas de Santander en lo religioso. Destaca en lo civil el palacio del marqués de Comillas obra del arquitecto catalán Domenech i Montaner. La vuelta hacia el autóctono, al gusto tradicional de la región, vendrán representado, ya en el siglo XX, sobre todo por el arquitecto montañés Rucabado que intenta recoger en sus obras el espíritu aún la forma de nuestra arquitectura popular combinada con elementos neoclásicos. De él son varias casonas o palacios y la Biblioteca Menéndez Pelayo. El neoclasicismo puro, síntesis de lo griego y lo romano, lo vemos en el templo de San Jorge en las Fraguas de Iguña que intenta volver a un purismo bello pero anacrónico. El modernismo, que busca formas y decoraciones nuevas, haciendo esfuerzos por salirse de la esclavitud de las estéticas pasadas, tienen en Cantabria, como reflejo inesperado,

Torrelavega. Cúpula central de la Iglesia de la Virgen Grande.

el famoso Capricho de Gaudí, en Comillas, que nos acerca la originalidad del genial arquitecto catalán. Lo mismo que el palacio de la Magdalena, obra de Riancho y Bringas, construido ya a principios de nuestro siglo, incorpora influencias de la arquitectura doméstica inglesa del siglo XIX, significando esa corriente de eclecticismos que dominó entonces por Europa.

En cuanto a la pintura montañesa es ahora cuando, y en este mismo siglo XIX, van a destacar figuras que alcanzarán indudable renombre y que sentarán las bases para subsiguientes generaciones, porque a partir de Riancho y Casimiro Sáinz ya no se apagará esta llama creacional que en parte se produce por la protección que las entidades públicas comienzan a dar a los artistas, por las relación cada vez más abierta con Europa y por el resurgir comercial de la provincia. José de Madrazo abrirá este nuevo panorama en la pintura regional, que es como una resurrección de aquella vocación inicial de hacía 14.000 años!... Pero así como Altamira fue un canto de espontaneidad en una civilización sin lastre de intelectualismo, a Madrazo le toca vivir una época decadente en donde las normas y las reglas mediatizan esa libertad de expresión que sólo el genio, rompiendo cadenas académicas, puede lograr. Y Madrazo no era un Goya, sino más bien uno de esos hombres a quienes la sociedad de un momento amansa el impulso o locuras y les somete a una normas estéticas que se imponen con rigidez enormemente paralizadora.

La estética del paisaje

◀ Comillas. El Capricho de Gaudí.

Pero cuando Madrazo moría, allá por el año 1859, ya estaban en la adolescencia, o para entrar en ella, quienes iban a ser en la Montaña los creadores de una nueva conexión hombre-naturaleza. El pintor de Altamira había separado de aquélla, para perennizarlo en arte, el mundo animal. Ahora, los primeros paisajistas montañeses, Riancho y Casimiro Sáinz, intentan hacer lo mismo con el mundo vegetal y biológico. La naturaleza vuelve otra vez por sus fueros, pero revivida esta vez, con una concepción en todo diversa, por cerebros que ya no estaban precisamente en el albor de la cultura humana. El campo y el paisaje, que habían comenzado a valorarse como algo nuevo en la sensibilidad del hombre a partir del Renacimiento, pasan ahora al arte de la representación con una independencia absoluta de la figura humana. La estética del paisaje como vibración autónoma en el alma del hombre moderno surgirá de la comunicación directa que se produce con la pintura impresionista. Inaugurada así la tendencia a llevar al lienzo un instante vital geológico, nuesto entorno natural hubo de provocar, por su misma belleza y encanto, reacciones convertibles en obras artísticas. Valles, torrentes, cagigas, caseríos escondidos en la fronda, praderas de un verde tierno exultantes, puentes y caminos, cielos de niebla o manantiales transparentes, todo concluye, a través de los ojos de nuestros pintores que lo recogen en su fugitivo tránsito, en la permanencia de un cuadro testimonial. Riancho, al final, cada vez más despegado de convencionalismos, trabaja casi con esquemas, disuelve genialmente las formas y nos anticipa lo abstracto, que viene a ser como un desbordamiento de síntesis cromática.

La tríada de Casimirio –Riancho– Salces inicia así una andadura que ya no ha concluir en el arte pictórico cántabro. Desde ellos, y después de ellos, nuestra pintura no desfallecerá. Iturrino se arrancará en «fauvismo» trepidante, con una raza de colorista que todavía no ha sido suficientemente alabada. Un poco más tarde María Blanchard juega a tristezas que le vienen de lo hondo y su pintura se vaporiza en elegancias aporcelanadas de una humana casi filosófica trascendencia. Gutiérrez Solana, el tétrico analizador del alma oscu-

Santillana del Mar. Museo del escultor Jesús Otero y al fondo la Colegiata. ▶

ra de lo hispánico, el Goya redivivo, revuelve en su pintura el poso medieval que aún arrastramos. Y Pancho Cossío, excepcional en su pintura, plasma en desdibujos calidades inigualables.

Conforme los años del XX avanzan, los pintores se multiplican. Todas las tendencias se atemperen al individualismo recalcitrante del alma montañesa. no podemos, por ellos, hablar de escuela. Cada cual se mete en sí mismo y se desarrolla a su modo. Alvear, Ceballos, Bernardo, Quirós, Cobo Barquera y otras forman la vanguardia que va ir seguida, casi al tiempo, por los más jóvenes. Julio de Pablo, Sobrado, Raba, Medina, Gran, Gloria Torner, Celis, los Calderón, Sanz, etc., crean un frente no desdeñable en el panorama de la pintura actual española.

En cuanto a escultores, menos prolíficos, están los nombres de Villalobos, Muriedas, Otero... que mantienen la antorcha entregada por aquellos imagineros románicos o renancentistas y que casi había permanencido apagada, en cuanto a personalidades destacadas, durante varios siglos.

Desde Altamira, los artistas de Cantabria –anónimos o nominados, rurales o académicos– no han dejado de crear aquello que acordaba con el gusto y las modas de cada generación. Unas veces con valor universal y otras con más humilde alcance fueron formando el gran complejo de nuestro patrimonio artístico sobre el que, en adelante, hemos de construir el futuro desarrollo creacional al que, sin duda, esta región de fuerte personalidad paisajística y humana está llamada.

Miguel Ángel García Guinea

"Tertulia imaginada" de Pedro Sobrado.

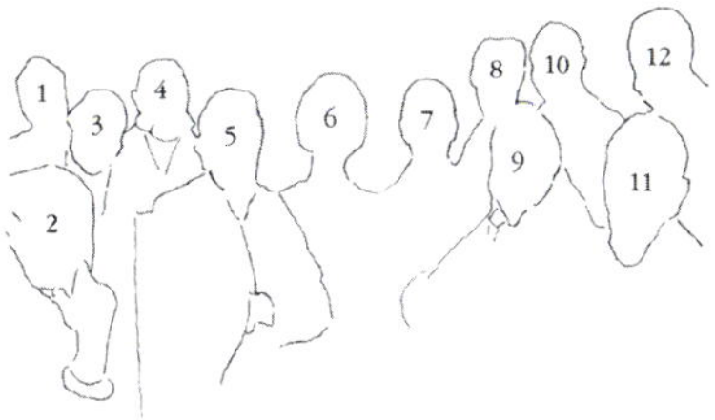

1 José Luis Hidalgo, 2 José Hierro,
3 Benito Pérez Galdós, 4 Amós de Escalante,
5 José María de Pereda, 6 Concha Espina,
7 José Gutiérrez Solana, 8 José del Rio "Pick",
9 Marcelino Menéndez Pelayo,
10 José María de Cossío,
11 Gerardo Diego, 12 Manuel Llano

MIGUEL ÁNGEL GARCÍA GUINEA (1922-2012)

Doctorado con su tesis sobre El Románico en Palencia, ejerció su docencia en las Universidades de Valladolid, Madrid y Cantabria. Director, durante 25 años, del Museo Regional de Prehistoria y Arqueología de Cantabria. Fundador de la Institución Cultural de Cantabria. Presidente del Centro de Estudios del Románico. Fundador del Seminario Sautuola y director de su revista. Medalla de oro de la Fundación Santa María, de Aguilar de Campoo, por su labor de dirección, junto a Peridis, de la magna Enciclopedia del Románico y Presidente de Honor de la Fundación.

A nuestra editorial confió, en 1979, la edición -en dos volúmenes- de "El Románico en Santander"; en 1995 "Cantabria. Guía Artística" y en 1996 "Románico en Cantabria".

Su intensa actividad como dinamizador cultural fue reconocida por el Parlamento de Cantabria con el título de "Hijo Predilecto" el 11 de julio de 2012.

En 1982, para una obra colectiva de seis autores, que editamos con el título: "Encuentro con Cantabria" escribió este texto de "El Arte en Cantabria", que ahora hemos recuperado como recuerdo y homenaje a su inmensa obra de investigador y defensor del arte en Cantabria.

NATURE in Cantabria

This description of the nature of Cantabria seeks to portray the sensations that this region in the North of Spain evokes in a small part in those writers who have told and praised it. Several authors are profound connoisseurs thereof. Others have captured the first impressions in their writings, which will be akin to those many different faces of Cantabria induced in those who visit for the first time. The objective of these lines is to arouse in the reader, the desire to discover or revisit, and at no time does the text pretend to be as a passionate lover, rather the choral vision of many a witness. "Coast and Mountains, the diary of a rambler" is the title of a magnificent travel book, published by Amós de Escalante, 1871.

Menéndez Pelayo, in his critical study of it, said: *"In 'Coast and Mountains' we have been left with the classic book of our geography and history"*. Not in vain Don Amós, who moreover was poet, began his poem "In the Mountain":

Paths of the Mountain
by heart I learnt the way
I yearned to blindly ramble you
and on you I went astray.

And, a century later, Francisco Cubría wrote this description of Amós de Escalante: *I dipped into "Coasts and Mountains", peaks and valleys; I soaked up the sun of all those knolls, the shadow of all those sickles, the coolness of all those streams and quenched the thirst of these strolls in the fonts of the hamlets. Rested from his outings in the peace of the archives, the libraries and the sweet aroma of the historic journeys.*

I began to understand with this memory that our territory cannot be defined in a more concrete manner.

Cantabria is a harmonious territory of mountain and sea, united by the evergreen of its valleys, traversed by fast flowing rivers, eager from birth, to find the life of the sea, the roar of the waves, the crashing of the breakers. This is an outdoor landscape, in its subsoil, in the infinity of its caverns, in an inverted reflection of its outdoor landscape, the caver comes face to face with the heights, the valleys, the hollows, underground rivers, and the visitor may marvel at the endlessly differing stalactites and stalagmites, on occasions as in the Soplao Cave, witnessing shapes and scenes unbeknown, or exalt before the singular rugged artistic beauty, not only in the universally recognized Caves of Altamira and Puente Viesgo, but also the other 10 caves of Cantabria, which since 2008 have been declared World Heritage Sites from UNESCO for their rock art.

In the bibliographic abundance of writers who, by writing travel, historical or narrative books have given testament and descriptions of their passage through Cantabria, we come across many references to the coexistence of sea and mountain.

The land of mountains and waves
where I pray to the Lord, eyes shut,
I hear that lullaby to my ears
the gentle murmur of the sandy shore

Don Marcelino summed it up in the first verse, the land that saw him born and die, which he loved so much.

In "The Spanish Diary" (1938), the journalist of "Pravda" Mikhail Kolstov, surprised me in finding this duality too:

Majestic and beautiful region, mountain and sea, deep gorges, sharp rocky clusters and retreats have gouged and raised this land. The paths move forward, they rise and fall forming bold spirals... We have been slowed down on the way to a great extent: almost at every turn Carmen went to film marvelous views; it annoyed me, she was outraged; in a flash I myself asked her to film yet another scene, another valley, another yoke of mighty oxen with padded heads. Many of these photographs didn't turn out well, the fog hasn't lifted for a single moment.

Josephina Aldecoa, in the opening speech of the Cantabria 2001 lecture, blessed us with a marvelous text that began like this:

Cantabria is penetrated through San Glorio. The Cantabrian Range is the natural barrier which isolates the plateau from this exceptional region, keeping its ageless beauty intact. Discovering the nature in Cantabria is a delight and privilege. Over the years this region has become very dear to me. It is here where I have sought and found my refuge, my inner peace. It is my chosen land!

I feel a deep emotion in praise of this land, to which I arrived with my daughter in search of tranquility, one day during the summer of 1971. And this land took us in with the tenderness and sweetness of the people. Arriving from the violent climatic extremes of the plateau, the northern atmosphere is a never ending caress. From day one we were captured by the outstanding beauty of the countryside, the fruit of this mild, composed climate. Sea and mountain...

Dionisio Ridruejo had previously written: *Passing through the Mountain, coming in from the desert of the plateau is like arriving at the promised land...* And similar lines can be quoted from many contemporary authors. During the middle of the nineteenth century, in 1858, Pedro Antonio de Alarcón, in his book "Journey through Spain" describing scenery of the valley of Buelna, the people, the habitat, the way of life, wrote: *Do not think that I am exaggerating when I say: ¡This is paradise!* And Pérez Galdós, who arrived in Santander in 1871 to get to know Pereda, stayed put, built his house in front of where the Palace of Magdalena would later be built, and spent four months of each summer until 1917, when due to his old age he would return no more.

Campoo-El Ebro

If the reader doesn't know Cantabria and wishes to arrive from the south of the region, coming from the Castilian Plateau, entering from the Campoo area and the valleys, you will discover for yourself why these personalities felt these sensations as they did:

> *Through García Guinea I learnt to admire the forces that guard these lands of Campoo, when the soul casts a dream along the paths leading there .With the persuasion of unbending conviction, I came to understand that as we draw near to these lands, we see how the light shines and the countryside is engulfed in yellows; a mysterious light cleans the air for us, and all will become clear, illuminating.* (Aurelio García Cantalapiedra)

Having visited Reinosa, coming in to the source of the Ebro in Fontibre; a monument, work of the sculptor Jesús Otero, and a text of Don Marcelino speaks of the course of the river seen emerging, of the union of the peoples that stretches out until its mouth in the Mediterranean, of the union of the people who flourish and that of our peninsula that bears its name. Jesús Cancio, poet of the sea, almost blind, exhibited more than he could see, and whose monument he is remembered by, in the Port of Comillas, sang the walk of the Ebro.

With a lyrical cristaline accent
down the Ebro singing her beauty
of the mountaints we left behind up high
to lovingly kiss the latin sea.

And the sea as is the Ebro, a pilgrim
dreams at every high tide to outlandishly
beat wave on wave the lowland plain
and embrace the mounts in the way.

Campoo, its Fraternities, its Valleys, is a land of scenery and historical memories. Rising to the winter resort of Alto Campoo, from its viewpoint one can see Pico Tres Mares, Peña Labra, Peña Sagra, Los Picos de Europa, the Palentina Mountains and the valleys of Nansa, Liebana and Pernía at an incredible proximity.

These lands of Campoo, these Valleys, as well as hosting the first stumbling steps of the Ebro, are marked and blessed by the river. On many occasions I will use texts from a passionate local, who loved and sang the praises of these highlands of Cantabria: Miguel Angel García Guinea.

The river arrived in Reinosa to receive the sister waters of Hijar (...) but it was led astray by Cañeda below, towards the sea, whilst guessing its destiny still more distant (...) The Ebro followed its course through the flattest of lands, through ancient peat bogs, in a lowland meadow and peaceful surroundings of villages like Orzales Monegro, Bustamante, La Población, La Riva, etc. all belonging to the Fraternity of Campoo de Yuso or the Municipality of Las Rozas... But one day somebody had the bright idea to contain the water in order to channel it orderly on to the dry plains of La Rioja and Aragón, thus soothing their harsh droughts.

When it returns to being a river, and after watering the lands of Valdeprado and Enmedio then on to the first lands of Castile, it goes further, taking over the valley which proudly bears its name: Valderredible. It is now when it lords over the fields, it enraptures in the scenery and meanders lazily, enlarging its course as if it were at pains to abandon its own. Never was the Ebro more Ebro than in Valderredible, because everything –life, the scenery, the light and the atmosphere- revolved around the river (...) In Valderredible, the water of the river reaches everywhere. Rivers and streams come not only from the mountains, but also from the sources born in La Lora, getting ever bigger and mightier (...) Passing through the village of Villaescusa de Ebro, where the Ebro bids its last farewell to the mountainous humane land, its flow narrows to let it pass through the miraculous rock of Orbaneja del Castillo and Escalada.

Rafael Sánchez Mazas summed it up gracefully with, the total work of the Ebro

So as not to fill with cold
and weariness
in Reinosa, my birthplace
I set to getting into the river,
by the Castilian line
and the Aragon land,
over Alava's sunny ground
and the streams of la Rioja,

by Tudela in Navarra
just below Sigüenza,
and as it takes my fancy
by the lands of Catalonia
to Tortosa...
and on and on to any other.

El Saja

Retracing the Foramontanos Route and climbing to the Palombera pass from Reinosa, we arrive at the Saja-Besaya National Reserve. These pathways are marvelously described in the best of Pereda's novels "Lofty Crags" (Peñas arriba). Whilst descending the mountain pass he beheld a small part of the immense forestry wealth of the park, arriving at one of the most beautiful landscapes amongst the many which our region has to offer, a luxurious green valley, passing the river Saja in its entirety: Cabuérniga. It is there in one of its villages set among the rolling hills, where a great writer, perhaps unbeknown to the reader was born. Manuel Llano, such is his name, recreated the life, the legends and the traditions of his homeland and he left as a testament a wonderful poetic prose. He died young, in the space of seven years he managed to publish seven books. They were prefaced by Miguel Artigas, Luys Santa Marina, Unamuno, Victor de la Serna and Gerardo Diego. Guillermo Díaz Plaja included in his "Anthology of Poem in Prose in Spain" and Gerardo Diego made him the subject of his "Ultimate lesson".

Writers can be found in many a strange place: *the war exposed me to the mountain people among their high mountain meadows and moorland, revealing to me their pastoral world of rabel (primitive fiddle) and the colodra (horn cowbell) so enchantingly recited by Manuel Llano, a writer at least comparable to Gabriel Miró, to whom he resembles in his cordial humility, in art and feelings.* (José Luis Sampedro)

In Cabuérniga, 1875, home to artists and intellectuals, Linares, Giner and Salmerón came from opposing directions to meet at the old house of González Linares in Cabuérniga Valley. The political turmoil and the misery were pushed aside and beyond, in the mountains and valleys, where history barely elapsed, and where time was measured by the monotonous life of the villagers... in this stillness, in this blandness, the pure air, the tame waters, the green fields, Giner and friends laid the foundations of their university, and perhaps provisionally, named it -later the definitive- the Free Institute of Learning . (Antonio Jiménez-Landi).

Leaving the valley, in Hoz de Santa Lucía, next to the bridge crossing the river Saja , a monument has been erected with this legend: "If the Spanish were only half as keen on telling their own, or others for that matter, something about what we are -and we wait until they tell us- we would lay a smooth pink stone here, one of those taken from the quarry of Hoz de Santa María (dignified and noble sister of Salamancan golden sandstone, Roman travertine and Colmenar stone) with these words: Here begins the great and indestructible entity we call Spain". It is the beginning of a "New Journey of Spain. The route of the Foramontanos" by Victor de la Serna and the author locates Malacoria (the place from where the castilian repopulation movement sprang up) in the close proximity of Mazcuerras, the literary Luzmela of his mother: Concha Espina...one of this valleys uncontaminated by the Saracens which gave shelter to labradors, to monks, and to visigothic artisans, shielded by the "cueras", "corias"o "escudos" (mountain shields) of the Cantabrian geography.

Along the Cabuerniga valley, we have left behind tours and walks, which, in so little space, give us an image of all the delights the Cantabrian nature has to offer: climbing up the hill of Carmona to its vantage point, one can marvel at its valley and the uniqueness of its hamlets; drawing into Ruente, to the source of La Fuentona, an exceptional spring which flows into the adjacent Saja, drying up evening after evening without any explanation being found for this extraordinary phenomenon; visit Ucieda, under the extraordinary native foliage of Mount Ucieda, a level stroll which bestows on us the course of the river Los Vados, or arrive at the town of Cabezón de la Sal.

Liébana-El Deva

Liébana, sheltered by the high peaks of the Picos de Europa and by the Cantabrian Range, is a valley blessed with its own unique microclimate; beside the mozarab church of Lebeña a yew and an olive tree stood together harmoniously until quite recently. The main route to Liébana is through La Hermida Gorge; *a narrow tortuous pass between sheer sides of rock, the crests of which are too high to be visible. The road as with the river, run through an enormous cleft in the cracked mountains (...) Known as "Gargantas" (ravine); it ought to be called the deep throat of La Hermida, because whilst passing through, one gets the sensation of being swallowed by the earth* (Benito Pérez Galdós). The traveller may also arrive from Palencia, through the Piedras Luengas Pass; from León, by San Glorio, from Asturias, following the course of the river Sella, from Cangas de Onís to Panes, at the foot of the Gorge.

“Liébana, Land to return” is an exceptional book enriched with stunning photographs, in which the traveller who is new to Liébana is bound to fall in love with the area. Its author: Eduardo García de Enterría, with a lover’s passion for the land he had trodden and admired time after time, wrote: *To anyone having the chance to marvel from the air, like I, who have had the Good fortune to do so on more than one occasion, Liébana appears with such clarity and precise uniqueness, as if it had come straight from the hands of God*; seconded by another Liébana local, José María Pérez “Peridis”, who on this occasion sketching his thoughts in words, wrote “Pilgrimage to Liébana”: *A safe refuge, the closest glimpse of paradise that ever was envisaged by those Christians who arrived in the cold lands of the plateau, escaping the infidels who had plundered the harvests, and who had taken the fair maidens captive, and who found in the foothills, all class of fruits of the land for their subsistence, at the bottom of readily sheltered valleys. And to sum up, it is like a god given chalice of clasped hands leaving between them a stream for the flowing waters of the Deva to stray into the sea.*

The traveller new to Liébana shouldn’t miss Potes, the social and commercial nerve centre of the valley, nor a visit to Fuente Dé, the source of the river Deva and access point by cable car to the Picos, the hamlet and the tower of Mogrovejo, Santo Toribio, place of pilgrimage and adoration to “Lignum Crucis”, the Romanesque church of Piasca and the Mozarab church of Lebeña, behold Los Picos! From so many vantage points!; if you have the time and are a keen walker, why not hike up to the astonishing Braña de los Tejos... and if possible do so in Autumn to view the explosion of colour radiating from the beech trees transformed into an array of ochres. García de Enterría closed his work “Liébana Land to Return” with these lines: *The pulsating slopes of the Liébana mountains in the fall -here they call with the charming word "tardíu"- does not leave them indifferent, I can vouch for that.*

Notwithstanding Merindad de Campoo, the only part of the territory level with the plateau, and Liébana, the closed valleys between the Picos and the Cantabrian Range. The rest, until reaching the relatively low lying plains of the coast, "la Marina", are filled by valleys, stretching from north to south, which occupy the middle part –between sea and mountain- of the region. These valleys are traversed by rivers which generally bear their names and from west to east are: Nansa, Saja, Besaya, Miera, Pas and Pisueña, Asón and Agüera.

El Nansa

From La Hermida in Liébana, to Puente Nansa, it's possible to go down the midcourse of the river, through the inner valleys of Peñarrubia and Lamasón. From the Santander-Oviedo motorway, starting at Pesúes, near from where the river flows into the estuary of Tina Menor on the Cantabrian Sea: And if the traveller arrives through Palencia, passing Piedras Luengas Pass, *one of the most spectacular sights to be revealed in the mountain awaits. To the left we view Peña Labra with its exit to the high palencian lands. To the right at a glance, the whole crown of the Picos de Europa towering over the valley of Liébana.* (Dionisio Ridruejo).

> *The Nansa has its source in Pico Tres Mares, near to the sources of the Pisuerga and Hijar, impeding the Sierra de Peña Sagra access to Liébana. Descending between mountains, their waters hereafter open up the high valleys of Polaciones, Tudanca*

and Rionansa. Boxed in by gorges and narrow mountain-passes, and briefly liberated in the valleys we see these staggered by the reservoirs that feed the hydroelectric dams. (Emilio Arija).

They are highlands where the presence of the bear can be felt, Capercaille (endangered species) and the spectacle of the stag call of the autumn. It is a land of pasture in summer, when herders arrive from Extremadura, and is where the native cabuernigo cattle graze, from June to October. The bringing down of cattle is cause for great celebration in Cabuerniga and Campoo, where popular local festivals are held. In Campoo de Suso "La Fiesta de los Campanos", in Abiada, on the first Sunday of September and in Cabuérniga, "La Pasá" on the last Saturday of September.

Polaciones is the highest valley in Cantabria, from this part of the south, bordering the Pernía palentina. In Tresabuela, in one of the few scattered houses, sheltered by Peña Labra, Francisco de Rávago, Jesuit confessor to Ferdinand VI and benefactor to this village and surrounding area was born. Santander owes the title of city and Episcopal See to him. In Tudanca, where the river begins its descent, there is much to see and above all, there is much to tell about Tudanca. It is in this locality where we come across the Manor house which José María de Cossío bequeathed to the Deputation of Cantabria. It is an exceptional Library-Museum that exhibits all the extraordinary documental and bibliographic wealth which Don José María collected throughout his fruitful life relating to the "Generation of 27", bullfighting, and the literary Spanish world, until his death in 1977. Moreover, the Manor house is the scene of José María de Pereda's novel "Lofty crags" (Peñas arriba) and it is where many a writer spent the summer (Cossío was a fabulous host and conversationalist): *In this house stayed Miguel de Unamuno, my maestro... Here Rafael Al-*

berti was hosted, and here, almost in its entirety "Sobre los Ángeles" (About the Angels), one of the most beautiful and fruitful of his works was written. José del Río Sainz has been a frequent visitor here and was for some years the holiday destination of Gerardo Diego. (José María de Cossío). Don José María treated us, the Cantabrians, and all lovers of literature to a book, priceless for its information and taste: **Literary routes of the Mountain**. Rafael Gómez de Tudanca the long time librarian and keeper of the Manor house, cited that the following writers had written about this land, Unamuno, Marañón, Espinosa, Alberti, Cossío, Gerardo Diego, Ricardo Molinari, Ridruejo... Unamuno has a really meaningful description: *The river descends singing, caressing the dream of life of those primeval mountain folk, Celtiberians, licking the rocky boulders and limestone slithers, which tore off the crags of the range which act as the head of Spain. From the valley or expanse of Polaciones to Tudanca, both in the narrow basin of the river, making room for an imposing gorge, the hoz de Bejo. And I went to dream about it, more so than to see it, when night fell, on the road, on horseback, I returned to see the most splendid coat of arms I had ever seen, set on a big old Manor house of the Montes, in San Mamés de Polaciones, by the light of the full moon, that light that my Basque ancestors called on the dead (...) It seemed like the fateful and imposing gateway to the world, from the past (...) In the background, the river Nansa, sang to the moon. The oaks and the beeches which cling to the slopes of the crags bathed in the sweet light of the moon, in its milky crest.*

The river in its rapid descent 30 kilometres from the sea, skirts Santotís, Rozadío, Cossío, leaving aside San Sebastián de Garabandal, the Prehistoric caves of Chufín and Micolón, the smithy of Cades, and passing Celis, arriving at Rábago, a visit to the Soplao Cave being a must for the visitor. La Florida old mine, located in the Municipality of

Rionansa and Valdáliga, worked for over a century until the nineteen seventies, is considered to be unique worldwide, for the quality and quantity of its geological formations, having exceptionally peculiar formations. As well as taking part in an organized tour the visitor is also free to take an adventure tour in the interior of the cave.

The wonders of aragonite, forming strange spider like lamps, adorn the ceilings of the "Gordo" (Fatty) gallery some 12 metres above the floor, offering us an extraordinary spectacle. The False Bottom, is an enclosed space whose roof is formed by a world of "coral" that makes us wonder whether the space in which we move is really: on earth or at sea? (...) Further along, a series of precious chambers, The Bosque (The Woods) El Órgano (The organ) and El Coliflor (The Coliflower), remind us that we are tracing the most beautiful underground mile on Earth (Francisco Fdez. Ortega and Mª del Carmen Valls: "Caverns and Mines, Subterranean Patrimony of Cantabria").

El Besaya

The route that opens up the river Besaya basin, that being born in the eastern peaks of Campoo, flows into the sea at Suances, after merging with the river Saja in the Torrelavega area, is the life blood of communication for the cultural influences entering from the plateau. The Roman road from Pisoraca (Herrera de Pisuerga) was lengthened, parallel to the river Besaya, till Portus Blendium (Suances) or Portus Victoriae (Santander) and through here the roman legions marched in, during the war with the Cantabros and later occupation, fundamentally to exploit the mineral wealth. During the Middle Ages it was to be a route for pilgrims, whom before reaching Santiago, would wish to visit the monasteries of Liébana or the Camera Santa de Oviedo and, for this reason it is adorned with Romanesque art. It was also the route of Castilian wool on its way to port to be shipped to America, and on the round trip the imported commodities for Castile and en route, pulling up at the flour mills. In the Modern Age, the construction of the railway Alar-Santander and conversion of the old road to what is now the N611 outlined what in the twentieth century would be the Reinosa-Los Corrales de Buelna- Torrelavega industrial axis and its final link with the traditional port of Castile.

The Besaya is a river which has to overcome an abrupt drop from 870 metres in height at Reinosa to 288 metres at Bárcena de Pie de Concha in a mere 20 kilometres flowing through a rugged ravine barely wide enough for both the river and the road: Very busy and feared by drivers especially lorry drivers: Hoces de Bárcena. As the train no longer had space, a route was needed to be found in the Mountainside, along an ingenious tract of curves and tunnels: 22 in all had to be bored to reach Reinosa and all with the technology and means of the mid 19thCentury. The recent Cantabria-Meseta motorway following a tract close to the railway, eased the suffering of motorists a great deal.

Like many places and events of Cantabria, Amós de Escalante left us written: *"The Human Will"!* (Voluntad Humana)... *What an admiral feat of unwavering and irresistible strength, this astonishing track charted in the most broken of ground!* And if the reader wishes a literary description of these ravines, read the opening pages of José María de Pereda's novel "Like father, like son" (De tal palo tal astilla).

Arriving at Bárcena, the traveller is given the chance to take part in a pair of curious trips. One taken on foot is a mere five kilometres walk along a stretch of preserved Roman road. The other, by car, rises to 900 metres to an idyllic panorama, the most prosperous municipality of Cantabria: San Miguel de Aguayo. Two reservoirs holding hydro-electric dams provide the sparse 180 inhabitants with such a high standard of living: Nowadays these inhabitants are freed from the harsh snowy conditions of winter in Madoz by the arrival of modern means of communication.

From Bárcena onwards, the river crosses and feeds into two valleys: Iguña and Buelna. Being flat and fertile, they have since ancient times, fostered human settlement in numerous locations, in which interesting civil architecture can be admired in addition to the Romanesque style already mentioned.

The basins of the rivers Saja and Besaya, before merging in La Vega de Garcilaso, hold between them some small, but beautiful inner valleys as well as the Natural Park of Saja- Besaya. Victor de la Serna dedicated in his previously mentioned novel "New Journey of Spain" (Nuevo Viaje por España), the chapter "The Martens Woods" (El Bosque de las Martas):

> *Bustara accompanied me to the woods. I'm talking dear reader, about a magical woods, as you'd find in Walt Disney. Ten thousand hectares of beeches with trunks like the Suede that is flourishing tender green, and in its canopy, which in a few days will hear the mating call of the capercaille; and the oaks now budding pink and scintillating have something almost carnal about them: And of the birches, from which they make the pitch fork and the rake and the plough handles bound for Castile; and the hazels the herder works to make wattle, and for the artisan to weave baskets for grapes and fruit and cheese and chestnuts bound for the holds of the ancient ships; and the wild olive, the most elegant in the woods, and the weeping willow, white and tender, obedient under the chisel; and the blueberries whose*

sweet berries delight the Cantabrian brown bear. Within this woods in addition to being inhabited by birds and agile pests which live in the trunks, also live the most arrogant of critters; the roe deer, and by far the most ugly, the wild boar.

El Pas

Perhaps the most popular and mentioned Santander regions would be those of the Pas Mountains, alluding themselves to the Main irrigating river of the region. (Emilio Arija Rivarés: "Geography of Spain")

I would have been thirteen or fourteen when I first set off from Aragón. I had been invited to the house of some friends of the family who spent the summer in the Vega de Pas, near Santander (...) To my astonishment, I discovered an unexpected new landscape like nothing I had witnessed before. I saw clouds, rain, forests enchanted by the mist, damp moss on the stones... It was a delightful sight that shall forever endure. (Luis Buñuel)

In the background flows the river Pas, that ever enlivens a cascade. It is a musical land albeit Gregorian chant music, of few notes, as those of an organ. It reminds me of Obermann, the great Obermann. At the bottom of the valley are figures of men and women cutting the grass in the meadow. (Miguel de Unamuno)

The streams and brooks flowing down from Castro Valnera (1.707 metres) are numerous and those of Las Estacas de Trueba (1.116 metres) irrigate the highlands of the Vega de Pas which 70 kilometres downstream divide Cantabria from north to south. In Castro Valnera, birth place of his family, Gerardo Diego sang in various poems:

The mist at our feet wafts its veil
and lights the mountain, green and pure.
Dew on the grass, on the flowers, on the webs
Oh loveliness in green of my grandparents.

For you I am noble with yours, as with mine,
blood of the Diegos, tongue of a local.

...This road
when it was only a beaten track
and guide of horseshoes
was trod by the tireless sole
of my father zagel...

From Santander, sitting on a park bench in the Paseo de Reina Victoria viewpoint of the bay, also sang about by the poet in the lovely sonet, Natal bay, Gerardo Diego still gazes out towards the heart of the extraordinary scenery, Castro Valnera, considered to be backdrop of this perfect stage.

The Pas basin, much more open than those in the west of Cantabria, hosts other rivers. On the way to Puerto del Escudo, the river Luena merges into the river Pas at Entrambasmestas close to Alceda and Ontaneda, where the historic valley of Toranzo starts its course. Here we should bear in mind the family plot of Francisco de Quevedo, the roots of his surname Villegas, and with whom, brimming with irony summed it up like this:

In my stately home
more "stately" than others
since it doesn't have a roof
it takes in the sun at all hours

The narrowest valley before arriving at Puente Viesgo in whose entrance rises the cone-shaped Monte del Castillo, "sacred prehistoric mountain" and a little further on in Castañeda, very close to the Romanesque Collegiate church, the river Pas picks up the waters of the river Pisueña, which from the slopes of La Braguía (600 metres), superb vantage point overlooking the Villas and the surrounding Vega de Pas and Selaya, has passed through the Carriedo and Cayón valleys. After passing Piélagos and under the Arce bridge, dipping the banks of Oruña and Miengo, runs to sea at Mogro, in the Cantabrian Sea, forming an exceptional landscape of dunes an sand banks.

> *Mogro is the escape route for the Pas to the sea, now transformed into estuary; it is the most marvelous opening one could imagine; passing from the leafy shades where the murmuring flow like a "trickle" of water can barely be heard, to a burst of light above the blonde sands and the bellowing snore of the Cantabrian Sea.* (María del Carmen González Echegaray)

For centuries the hill folk have had a unique way of life as can be seen in the "barn dwellings" which cling to the valley sides. In addition to the municipalities of the Tres Villas Pasiegas: Vega de Pas, San Asón and the valleys of Soba, Ruesga, Carriedo and Cayón where the presence of their way of life is evident.

El Miera

The river Miera has its source in the (spring) run offs of Castro Valnera, as with the Pas, and in those that descend from Portillo de Lunada (1.350 metres) flowing out to sea in the bay of Santander, between Pedreña and Somo, by now transformed into the Cubas Estuary.

From the columbine lonely peaks, bordering Burgos, to those they call, doubtless to say informally yet wisely, owing to the astral evocation conjured up, Portillo de Lunada, till the gentle hills, almost bucolic in their greenery and melancholic eternity that lord over the lower part of the river Miera. From hence forth rough torrential waters, so tragic and ruinous in centuries gone by, pass to memory, and are tamed, then tainted by waters of the Cantabrian Sea, receiving a second sea baptism, and named the Cubas Estuary, reaching across what many believe to be one of the most beautiful valleys of the many in the Province of Santander. (José Alcalá-Zamora y Queipo de Llano: "The importance of the ancient and disappeared factories of Liérganes and La Cavada")

From the seventeenth century onwards the upper Miera suffered significant transformations in its course and its landscape in order to cater for the demand of fire wood in blast furnaces set up by Flemish experts in Liérganes and La Cavada to cast cannons needed by the Military to defend the trans-atlantic commercial routes, as well as stock the arsenals of Spain, as with those of North and South America and the Philippines.

It was there in the decade of 1620 they set up the first spanish blast furnaces, a hundred years before the second, the –Ronda-, and a hundred and seventy years before Sargadelos –Lugo-, considered by most to be the earliest in the country. It was there they manned the iron foundries, which, renowned throughout the whole of Europe, were the most important of the Peninsula until the dawn of the industrial revolution, of which it represented a remote and modest ancestor, yet unquestionable in the host of technical and labour aspects(...). The indomitable cha-

racter of the river Miera was well known to Wolfango de Mucha and the Royal Treasury by the dates in which the Austrian engineer's wish to channel the river, in a striking technical boast, so as to bring the lumber downstream with the minimum of cost from Lunada, because the merciless river, swept away without trace, the vast works, that had cost so many years along with numerous lives and, perhaps, a million man-hours of work. (José Alcalá-Zamora and Queipo de Llano)

Today we are able to apreciate "the Chutes" by those left standing, which pushed the logs, from Lunada and as testimony, Melchor Gaspar de Jovellanos in one of his "Diaries" left us this extract: *To overcome the river passage they have bored through huge crags some measuring fifty feet in height and seventy feet at the base letting the rubble fall into pits which were precisely filled...*

In the upper river lies San Roque de Riomiera, one of the Three Pasiega towns, comprising of a small Central cluster of houses and the constant presence of cottages dotted around the hillsides owing to the lack of flat land. Both Liérganes and La Cavada deserve a visit for their extraordinary wealth of Civil architecture, and moreover, in La Cavada, one may visit a small, but well documented museum, formerly the Real Fábrica de Artillería. Liérganes has a magnificent urban complex, declared a place of Historic-Artistic interest and a renowned spa baths set in a lovely park. The river then flows down to Solares baths with its credited waters, and is set in another magnificent park. From here on the river is ready to surrender to the sea in the bay of Santander, and, from Cubas onwards, once coming into contact with the tidal influence becomes the estuary of Cubas discharging between Pedreña and Somo, an unrivaled setting in front of the Playa del Puntal.

El Asón

For the geographer Emilio Arija, *the Asón basin is a feast of flowing water and high mountains.* A chronicler, Benito Madariaga, warns us: *authors differ regarding the exact place of source, which is a common doubt with numerous rivers.*

The river Asón is revealed in an upwelling of the Collados del Asón and we are invited to a spectacular show of cascading water initiating the visible river course, adjoining the road which climbs from Arredondo to Portillo de Sía. The spectacle we witness is greater in spring due to the thawing ice and the longer days.

Julio Sanz Saiz, painter and poet, who on occasions sees that which we fail to see, reveals "the hidden" for us and describes what he sees: *I believe that the Gándara and the Asón together traverse the underground subways of great limestone mass which forms the valleys and peaks shaping all this south east area of Cantabria (...) The Asón tastes of the motherhood it lights up (...) Like a shower of stars posing as water, aspiring wanderer of the air, long sigh of the mountain, the Asón gently wafts the gully and its shadow with tender wings (...) The Asón water is not really river until it sees the light of day and feels its friend the tree by its side.*

On the way, and after visiting Arredondo, the "Capital of the World", and flowing merrily down the Pisuerga valley, it rushes to embrace the river Gándara, its "twin", in Ramales de la Victoria. The Gándara, formerly river Soba is evident in the village which now takes its name. A hundred metres from where it seeps out of its limestone water courses, an interpretation centre of the Collados del Asón, a carpark and an extraordinary viewing platform above the first stage of this river, along with its surprising cascades at the start of its course have been built. Converging with the river Asón a circle is formed which encircles the Soba valley, vast yet sparsely populated, is perhaps the Cantabrian valley which has best conserved its countryside, populated by handsome oaks, beeches and chestnuts. All of these Asón valleys are traditionally land of "indianos" (returning emigrees from the Americas) and maintain a wealth of civil architecture, a reminder that can be spread to numerous other locations in our region, since Dionisio Ridruejo, in his beautiful work in reference to Old Castile, describing our province recorded: *Seldom in Spanish Provinces do you come across such steadfastness in the use of traditional architecture so well integrated into the countryside (...) to any man who comes to the city this is all so marvelous and elegant.*

To reach Ampuero, which could be considered the capital of the Lower Asón, the river passes Gibaja and Rasines. From Ampuero it's possible to take a trip to the Sanctuary of Bien Aparecida, in Hoz de Marrón. Looking out from its viewpoint one is able to marvel at the natural wealth of the valley and the river Udalla, and in the background, the mountains which separate the plateau from the south, it is one of those marvelous spectacles that nature treats us to, from time to time. Ampuero, like nearly all the other villages on the banks of the Asón and the wetlands which make up the Marisma de Santoña Nature Reserve, as I have already mentioned, boast an outstanding architectural tradition, Manor houses and nineteenth century residences. The river flows until the nearby Limpias, where the Asón becomes an estuary, and from its port of Ribero, nowadays quiet and laid back, from the sixteenth century onwards exported iron, timber, and citrus fruit to Flanders and England and where in the nineteenth century Castilian wheat and wines of La Rioja were exported to the Americas. There are a number of private estates of Limpias, take for example the Parador Nacional hotel or the Eguilior Palace, where quite a few monumental trees, classified as natural heritage stand. From here on where the river Sosiega, forgetting all haste and water falls of its initial paths, spreads out its arms and begins to form a great estuary that feeds the tributaries of the Limpias and Treto, water from the river Asón and Clarín, and their tributaries, as with the canals of Boo, Escalante, Argoños...

It may be said that the Asón is privalaged. It is born in a nature park and surrenders its water to the Marisma de Santoña Nature Reserve, covering more than 3.500 hectares, declared Area of special Protection for Birds (ZEPA), protection being extended to the holm oak groves of mount Buciero, Brusco and Montehano, on the banks of its waters.

It is a wetland system of maximum importance for aquatic birds; a stop off point for birds, that after hatching in Northern Europe, spend the winter in the south of the continent or North Africa. Throughout January and February is when they flock together in the largest numbers, 20.000 birds from 120 species may come together during this period. In order to appreciate this treasure, easy to follow signs, routes, viewpoints and a bird observatory are provided.

Villages as important as Limpias, Colindres, Carasa, Cicero, Escalante, Argoños in addition to Laredo and Santoña amongst those which discharge into the Cantabrian Sea, take advantage of this great estuary whose sight surprises all who cross the Treto suspension bridge, on the Santander-Bilbao motorway from either direction. If many of these places can give examples of historical artistic heritage, they must be the temples of Santa María del Puerto de Santoña and Santa María del Puerto de Santoña and Santa María de la Asunción de Laredo, two fine examples of gothic architecture containing rich altarpieces. Both towns deserve a leisurely visit for their countryside and art. Laredo, with its Old Town is a delightful community and its beach La Salvé, stretching for more than 4.200 metres is perhaps one of the most spectacular on the Cantabrian coast. The bays of Laredo and Santoña make the perfect couple. From the Atalaya de Laredo or Buciero de Santoña one may relish an unforgettable view, the same may be said for the views from the seafront in both towns.

El Agüera

It is the most easterly of the Cantabrian rivers. Born in Las Encartaciones, Vizcaya, and its upper part serves as the border between the two regions. Its initial waters irrigate the Villaverde valley, a cantabrian enclave in the Basque valley of Trucíos that discharges in Oriñón, forming, as with all rivers which drag large amounts of sand, an estuary which may appear narrow, because of the great crag of Candina, a spectacular cliff marking the path of its estuary. To its left a curious rock shaped like a beached whale has enabled the small settlement of Sonabia, belonging to the Liendo Municipality, to live between the isolated peace of its privileged spot and the bawl of a stormy sea.

From South to North the course of the Agüero crosses the Royal Valley of Guriezo, a wide yet flat valley. At its peak Las Nieves (779 metres), is an extraordinary vantage point, towering over its valleys, and where the hermitage of Nstra Sra de las Nieves was founded many centuries ago. It is here where every 5th August worshipers gather together to keep alive the tradition of their forefathers. Between the peak of Las Nieves and the nearby El Juncal basin, one comes upon a magnificent oak forest.

In 1820 a modern blast furnace was installed in the Guriezo valley, La Merced a forerunner to those installed in Vizcaya and documents show twenty-two flour mills. The San Vicente church, in the Rioseco vicinity, is an outstanding sixteenth century temple formed by three naves of equal height, and is a fine example of an open plan church.

Los valles intermedios

Before visiting the countryside, towns and coastal cities of Cantabria, it's worth bearing in mind that in this limited area, there are more valleys and other locations where a visit would be surprisingly captivating. Only as a matter of example and in no way giving preference over those places not cited, valleys with such evocative names as Anero, Anievas, Camargo, Cieza, Ibio, Lamasón, Alfoz de Loredo, Liendo, Piélagos, Polaciones, Udías, Valdaliga...To all of these places, mentioned or not, it is fitting to quote a text by Ridruejo in which he speaks of Liendo: *The great beauty of the valleys lies in their landscapes, in whose description we worthlessly blend the adjectives green-brave-rugged-idyllic, in shifting proportions, without ever giving the slightest comparable impression to the natural pattern.*

La Marina

In his Geography of Spain, Emilio Arija began his description thus: *The coast in Santander is the necessary compliment to the mountains so as to better understand the Cantabrian region that is the defining harmonic entity of its two fundamental elements: Coast and Mountain. The high peaks of the Cantabrian Range start softening their ruggedness on their descent to the sea, melting in the gentle final ripples formed by the banks of the level sea and its level mountain, this low lying area together with the shoreline is what makes the coast what it is.*

The Cantabrian coast, hard and rugged with difficult access from the sea in many parts also boasts lovely beaches of golden sand, estuaries and natural harbours. In the coastal strip the closeness of the sea softens the temperature and temperament -in relation to the high ground- and the quality of the ground has fostered the establishment of a higher density population than in the hinterland.

In the twelfth century, Alfonso VIII promoted the development of cantabrian ports, granting the title "Fuero" (Royal Charter) to the formerly titled four towns of the coast. In chronological order they were ceded to: Castro Urdiales, Santander, Loredo and San Vicente de la Barquera, followed by Santillana del Mar. Thanks to the Royal Charter, these locations were awarded the title of town, amongst other privileges bestowed upon these settlements. In 1296 the four towns, together with Bermeo, Guetaria, San Sebastián and Fuenterrabía, as with Vitoria, created the Brotherhood of the Wetlands to consolidate their commercial interests with the Atlantic Europe, bearing a certain likeness to the baltic "Hansa", using Castro Urdiales as its capital.

Castro Urdiales

Despite the presence in all Cantabria of small yet numerous mountain ranges, occasionally stretching along the coast line, it is in the eastern zone where mountains such as the Cerredo and Candina finish off bathing their slopes in the sea. Castro Urdiales the most easterly cantabrian city, Portus Amanus and the city of Flaviobriga, to the romans, rises from a privileged spot on this narrow coastal strip. Javier Echevarría in his work "Historic castro memoirs" (Recuerdos históricos castreños) (1898) described it magnificently: *The small cove on the coast; the small peninsula impregnable by sea and easily defendable by land, the closeness of the mountain, the wide open spaces and the beach and other favourable accidents of the terrain, could not have passed unnoticed to the first inhabitants of this region, to whom we must assume, were keen to settle a place of easy sustenance, safe shelter, a pleasant setting, and a speedily adapted defense.*

The massive urban development of the last few decades, have deprived the visitor of certain precious panoramic views, but if we go down to the harbour we are astonished by the extraordinary scenery of the medieval town whilst admiring the natural beauty of its surroundings. In few words Edgar T. A. Wigram in his book "Northern Spain" (London 1906) sums it up to perfection: *One might travel a long way along any coast line before finding a prettier haven than Castro Urdiales;* it is difficult to find in a coastal fort, battered by the temperamental Cantabrian Sea, a medieval old town so marvelously preserved in defiance of the historical upheavals of Castro. *The founders set up on the mammoth rocks that are lashed by the sea. Was it the spy of the water, the sentry of the earth, haven, threat or refuge? From within her bossom she offered the vessels natural shelter against the rage of the very same nature; to protect herself from man, the very same man was compelled to establish walls...She suffered wars, erected shrines, armed galleys, trained up harpooners; she was soldier, pious, sailor, merchant.* (Amós de Escalante: "Coasts and Mountains")

The Atalaya is a Castilian-Gothic complex like a coat of arms of a medieval miniature or a print of renascent Europe. The temple presides over the highest order of artefacts in the whole region with its story championed in the Mocha tower, its flying buttresses and its enduring defiance of the wind rose; the castle and lighthouse sit cheek to cheek, the joined peaks of Santa Ana encompassed in the realms of the Alen jetty and the valiant rouse of the break-water, which began construction back in 1902. At each tum in the wharf, at each low tide, the bonito Fishermen perish in their prime (Rafael G. Echegaray: "Shipwrecks on the Cantabrian coast", 1960). Castro Urdiales in 1813 was brutally punished by the retreating napoleonic troops: many defenders were shot and the old town was raised to the ground. The modern city boasts magnificent examples of civil architecture from the late nineteenth and early twentieth centuries, a promenade from the port till the Brazomar beach, commercial and industrial activity, above all in automation and canning industries.

The obstacle of mount Cerredo and the limestone hulk of Candina, on the other side of the Oriñón Estuary compelled the engineers to ingeniously devise tunnels and viaducts to chart the Cantabrian motorway bringing us to Laredo and Santoña; leaving to one side, Liendo, a highly recommendable valley, if the traveller can spare the time. Cerredo and Candina are both places of distinguished natural interest; Cerredo for its Cantabrian holm oak woods and Candina for being sanctuary to a colony of sea vultures that are extremely rare the world over.

Laredo y Santoña

In the great estuary that the river Asón forms in its mouth, Laredo and Santoña are blessed by a privileged location. The Atalaya de Laredo and mount Buciero de Santoña, shoulder to shoulder, defend a unique natural harbour.

From Laredo Juana la Loca (Juana the mad) set sail for Flanders to meet her beloved husband Felipe and her sister Catalina (Catherine of Aragon) also set off from here towards England to marry Henry VIII, only to return abandoned. Carlos V landed in Laredo, he returned wearily, to retire in Yuste. After resting for seven days in Laredo, he set off on a pilgrimage through Castilian lands to the Jerónimo Monastery in Yuste. For the last few years, one Friday of September on the La Salvé beach, a reenactment of the disembarkation takes place. Stretching over three days, Carlos V and his enterage trudge up to Medina de Pomar, the road to his sanctum, and it is in Laredo Felipe II equipped and supplied part of his fleet on their quest for glory, only to return, those who were able, in tatters, with the bitter taste of defeat.

Earlier the church of Santa María de Laredo was the scene of one of the miracles cited in Poems of Alfonso X the Wise (el Sabio) and where the Royals and Commoners alike worshiped before the precious Alter of Nuestra Señora de Belén. The walled Old Town, in whose upper part the lovely gothic temple of Nuestra Señora is set, still displays all its old world charm, rich in occasion. During the seventeenth and eighteenth centuries, Laredo was the residence of the "Corregidor" (Judicial official) of the Four Towns.

Nature blesses Laredo with the beautifully long beach of La Salvé (4.200 metres) which is joined to the inner beach of Regatón by the Puntal, forming the largest sandy area of the Cantabrian Sea. During the 1970's the French began to fall in love with the vast potential that the beach had to offer, whose beauty they began to admire, travelling up the road from Bilbao, descending from Tarrueza, we may also witness its lovely panorama. The urban landscape of Laredo radically altered in the late twentieth century, when family homes were replaced by long rows of high-rise apartment blocks. A stroll through the fortified compound of Atalaya, now converted into a park, will certainly let us share this view: *The spectacle is one of overwhelming beauty, and for me, one of the marine landscapes that has moved me the most, in my experience of landscapes, which stretches from the Muni river, in Continental Guinea, to the cape of Narvick, on the Norwegian coast, above the Arctic Polar Circle.* (Emilio Guinea: "Botanical Geography of Santander", 1953)

Before our eyes... Again the texts of Rafael G. Echegaray and Amós de Escalante mark a magical milestone: *El Peñón de Santoña with the hump of the Ganzo, is a harried monster in the sea, giving refuge to the sumptuous copulation of the Asón and Cantabrian... immense humped rock, green headland, raised above the rock foundations, black rocks gnawed by the sea, white rocks turned to dust by the sun.*

Santoña

It is incomprehensible without Mount Buciero or Peñón de Santoña, whose meridian slopes extend to give shelter from the elements. Almost an island (in the description of Pedro Teixeira, the Peñón (Rock), was often cut off due to the tides) is connected to the land by the ayre forming the Berria beach, from where it is linked to the coast of Trasmiera, and by the road over the two bridges spanning the Wetlands leading to the Bilbao-Santander motorway. This duel bridge-road was built in the nineteenth century following the 1842 decree, establishing Santoña as a second order stronghold, with the subsequent need for a means of communication, in order to break the isolation with its surroundings.

Santoña is a totally flat, modern town, etched inch by inch with military precision during the nineteenth century. The important role the town played during the war of independence from France is well documented in the history books, however it never ceases to amaze, in finding a surprising extract taken from a travel book published in London in 1885: *Where every place is of interest praise gets monotonous, but it must be admitted that the situation of Santoña is unrivalled in the Peninsula, with perhaps the single exception of Gibraltar, lying as it does, at the foot of an isolated mountain, and facing a bay which could receive a very large fleet of ironclads, and which is so land-locked that it is always calm inside, however hard the westerly gale may be blowing outside, the place is a natural fortress, and its importance was easily recognized by the first Napoleon. When that great leader and destroyer of men gave the kingdom of Spain to his brother, he made a reservation for himself of the town of Santoña, which to us his own expression in a little-known despach, he wished to make the Gibraltar of the North.* (Mars Ross and H. Stonehewer-Cooper: "The Highlands of Cantabria")

From 1842 till 1931, Santoña was an important military stronghold, renowned for its Fortresses and military garrison, which are maintained to this day, consequently explaining part of its development, and above all, the urban layout of the town. Furthermore, the arrival, in the latter half of the twentieth century, of a group of Italian industrialists furthered development, establishing a craft industry of fish-curing and canning. By the same token, Juan Manuel de Manzanedo figures strongly on the local scene, having made his fortune in The Americas, and who Isabel II handed the titles Marquis of Manzanedo, and later Duke of Santoña. Moreover he endowed, amongst other things, the Magnificent Colegio de San Juan Bautista, now Instituto Manzanedo, a role model of its time, and a new port which was later set to contend for the crown of predominant port of the Cantabrian. *On the 5th April 1960, the port of Santoña beat the fishing world record. In just one shift more than one and a half million "bocarte" (anchovies) were hauled in. In those days there were 50 fishing vessels* *and 100 factories for curing, canning and processing.* (José Tocino: "Notes for Cantabrian Industrial History")

Santoña posseses great beauty thanks to its location and surroundings. On its great esplanade, El Pasaje, along the seafront, a monument stands to remind us of Juan de la Cosa, the illustrious Santoña seafarer, charterer of the caravel, the Santa María which took Columbus on his early voyages and who was the first cartographer to painstakingly map the American continent. There also stands a monument in homage to an Admiral Carrero Blanco, also from Santoña. A curious artefact stands at the end of the Esplanade and adjoining port. A curious bull ring is built from the stone of the ramparts, which for centuries encompassed Santoña. In the old town, the gothic temple of Santa María del Puerto gives testimony to the enormous power wielded during the medieval period by the monastery of the same name, and where, among many other things, a magnificent baptismal font from the Romanesque period is to be found.

The ecological importance of the wetlands and Asón estuary has been mentioned in the previous chapter referring to the Asón. The Mount Buciero Cultural Park has laid down five routes letting us share the natural and cultural wealth held in the Peñón: woodland ecosystems, examples of cantabrian holm oaks; lighthouses and cliffs; the panoramic views from the summit of Buciero (430 metres), traditional fishing and Napoleonic fortresses.

La Costa de Trasmiera

The Merindad of Transmiera occupies the eastern end of Santander, reaching the river Asón. The western end was historically The Asturias de Santillana. The high valleys of the Cantabrian coast were referred to as La Marina. The west coast of Cantabria was the coast or the marina of Santillana, which we will come to.

Mount Brusco, which from the east closes the Berria beach, shoulders the Tregandín or Noja beach along the whole length (3.500 metres). The Trasmiera coast is a series of cliffs and beaches which offer a string of tourist locations renowned for their beaches and their cuisine, in addition to history and art: Noja, Isla, Arnuero, Bareyo, Ajo, Galizano, Langre, Loredo Somo and the Puntal (Arriving now into the Santander bay).

In these beaches and estuaries, like those that feed into the Santoña bay, a number of tide mills can be found, some of which show museum pieces as an ethnographic reminder.

Langre is a lovely beach surrounded by cliffs stretching between the two enclosing headlands and the beaches of Loredo and Somo; one Sunday morning in August, coinciding with a low tide, transforms the beach into a spectacular racecourse offering acclaimed horses races. These coasts, often battered by the raging Cantabrian Sea, have witnessed many a grounded ship.

Francisco I. de Cáceres, in his gorgeous book The coast of Cantabria, closes this chapter with this descriptive phrase:

> *Sharp contrast –heads and tails of Trasmiera- the terrible beauty of the rugged coast with a lovable inland landscape, facing the south, with its open plains, all green and level, and in the background, the Ribamontán hills.*

Santander

Santander is a peninsula with two distinct coasts. The rugged north, lashed by the Cantabrian Sea, is –characteristically- following in the footsteps of where we began in Ontón, and ending in Unquera. The south is the domestic coast, tamed by the bay of Santander; A bay that perhaps should be written in capital letters, because Santander is the only bay in Spain which can boast of belonging to the prestigious Club of most beautiful Bays in the world (International Association (...) which brings together bodies representing communities possessing a maritime façade set in a world renowned coastal bay. 29 bays from 23 countries belong to this elite club).

Santander, lauded by an array of poets –whom we will come to later on- has been magnificently described by two historians whose biography is dedicated fundamentally to the sea: *The city lies above two high inclines. From the calle Alta (High street) in the south and the Alta recreational area, in the north- and spreading across all the wonderful short steep slopes; the populace stretches down to the peninsula, moving forward till finally stopping at Cabo Mayor (The Great headland). Santander is a city (...) that has been remodeling its settlement by strokes of misfortune, leaving behind urban catastrophes, ripping to tatters the very thoroughfares, abbey and the walled emplacements; its coastal profile also vanished, and the old print by Braun depicting the Becedo stream, and its Foundries and Shipyards, is today a distant memory, nigh impossible to imagine. But the bay, with the unique mystical changes of its sand banks, to-ing and fro-ing is the constant of the landscape – grandiose- , with the changeability in the south of the villages which are born and the woods which must die.* (Rafael González Echegaray)

The northerly city has gazed out to the south and always will, because it is there it holds the unrivalled gem of its bay. The great laminate of water surrounded by greenery, peered upon by the whole region, as an incredible crowing horizon of mountain ranges. Total landscape, at every hour different, that one may never tire of admiring her natural beauty and justify twofold the all-embracing love of the motherland (José Luis Casado Soto). It must be said that Santander is a city that has taken advantage of its geographical features, an amphitheatre of a city, built to marvel the different scenes, generously endowed by nature: the bay, La Magdalena, El Sardinero, Cabo Mayor.

Santander is above all "The bay", one which changes with the sun, the rain, with the fog or, when it toys at leaving "cotton wool" hidden in some fold of Peña Cabarga or a far flung corner or Miera which can be found in a bay called Río Cubas, and especially when a southern wind blows, the one cherished, yet feared by the inhabitants when the bay appears to contract, "approaching" the landscape, which outlines it, bringing into such sharp focus that we are led into the temptation of mustering a roll-call to each and every summit, characterizing the circus tent of mountains which surround our region; from the easterly Soba to the westerly Picos de Europa passing by the pasiego and campurriano fells so lauded by Gerardo Diego, thus the whole geography of Cantabria forms part of the city's landscape, when on the edge of the bay, we may wander for miles along the seafront or stumble on unexpected corners of the high part of the city or at any one of its viewing points.

Nevertheless, the bay was not always so. The church of Cuerpos Santos, the romanesque church below the Cathedral, stores and exhibits historical relics of the Roman city. This core, now somewhat parted from the sea, is built upon a cliff which was bathed by the sea until well into the nineteenth century. Whether for urban needs, port services or the industrial hinterland, man has filled in over a third of the bay.

La Costa Norte de Santander

Between the tip of Cabo Mayor, crowned with a magnificent lighthouse, which from 1839 onwards, raised its slender tower from 30 metres to 89 metres, till the Punta de Aguila (Eagle Point) which guards and preserves the mouth of the Pas river, is a stretch of *"a low rugged coast, cut by ledges, platforms and sheer drops with fanciful shapes, such as the Devils Bridge. There begins the oceanic sea, imposing green-blue desert of liquid mountains, which curl with slow menacing rhythm".* (F.I. de Cáceres: "The coast of Cantabria")

This lighthouse, light in the harsh night of the seafarer has also illuminated the voice of the poets. Just as a reference, here are three lines of the poem "The Lighthouse" by Gerardo Diego:

Tis the nautical rose of the winds
Thy light, merciful beacon
Tis the heavenly star of the lights

This coast, which can be travelled on foot by those who enjoy walking, merges the Northern Strip of the Santander coast and the Costa Quebrada (Fractured Coast), the name given to the rugged coast of Liencres. Half way along this walk, the Sanctuary of Virgen de Mar (Virgin of the Sea), patron saint of Santander, keeps vigil over an islet, pounded by the sea from all sides.

Looking out from the Virgen del Mar and Urros de Liencres, there are fanciful small causways, protecting two secluded beaches: Covachos and Arnía; on the 20th April 1830, the Squall of Easter Saturday (El galernazo del Sábado de Gloria) described by José María de Pereda, in "Sotileza", in which at least 120 fishing boats went down in a dramatic episode recalled in all the coastal ports. Pereda begins his description thus: *All of a sudden they got wind of a dreadful distant rumour, as if the mother of all battles raged on the bulging ground; his face perceived a cold damp gust and he watched as the sun darkened, and from the north-west, great rolling stains of green, almost black, marched forward over the sea.*

Past the Urros the spectacle of a unique coast carries on. The Valdearenas beach, three kilometres of sandy beach facing the ocean, shelters the Liencres dunes, considered by environmentalists to be one of the most unique landscapes of the Cantabrian coast. In the background The Pass (El Pas), which already takes the salt water from the tidal flows, forms the Mogro beach and a haven, a breathtaking landscape, used as a golf course.

From any one of the spots we have mentioned previously, on summer evenings at dusk, we may view unforgettable sun sets. Félix Rodríquez de la Fuente saw it like this: *To those who think that the dunes are not lovely, go to Liencres on a grand summer evening, when the sun, before it is laid to rest in the sea, tints the shifting peaks of sand, the crowned ringlets and wild heads of hair, the colour of old gold.*

www.costaquebrada.es, with imagination and sensitivity providing us with ample opportunities to experience: *Costa Quebrada is a stretch of coast which simultaneously serves as a geological setting and a pleasure for the senses, presenting in an exceptional manner, the length of time of the eternal struggle between land and sea(...) It is a stretch of the coast which constitutes a true classroom of land and sea where both masters, in a book paged by stone, not only de-*

monstrate the results of their rough, yet tender age old bond, but also through the remnants of rocks of different origin structure and composition that the sea, constantly revealing, feeding our curiosity and acquainting us with the processes, which over millions of years have given rise to the geographical features of Cantabria, constituting, so to speak, a memory code of our land.

La Costa Occidental

Carry on walking to the most westerly point of our coast, Tina Mayor, which receives the mouth of the River Deva. *From the sea this coast (...) offers a grand panorama, the white foam of the breakers, the rugged cliffs skipped by crooks and crannies filled with sand, propping themselves up on ledges, those ever-green emerald fields, take second fiddle to the green black loins of the coastal ranges, dominating all the magnificent hatching of immense rock with a halo of perpetual snow. They are the ferocious naked summits of the Picos de Europa rising against the heavans a mere 20 kilometres from the coast, an impressive view that was already being described during the course of the sixteenth century in the following way "On this coast are the highest mountains in the whole of Europe (Hoyarzábal, 1579)".* (José Luis Casado: "The Asturias Coast of Santillana")

Suances and Comillas are two coastal summer towns. The visitor should get to know Santillana in the background, a town that has no sea; Altamira, that magical place where 15.000 years ago, artists came into the outside world sensing that the sea was to the north and to repose after achieving the miracle of their works of art and Torrelavega, the second city of Cantabria and home town of Leonor de la Vega, mother of the Marquis of Serranillas.

SUANCES, historical town, is the Portus Blendium of the romans. The romans built a road from Pisorica (Herrera de Pisuerga) to Suances in order to exploit the underground mineral wealth and export it to Rome. In Suances the rivers Saja and Besaya discharge having previously merged in Torrelavega, which is almost how far the maritime influence of the San Martín de la Arena estuary reaches. It was in this landscape that Pereda set the scene of his novel "The Stew" (La Puchera) since Polanco, the place of his manor house, is located here. At the very beginning of the novel he seeks answers regarding the estuaries: *Which of the two shoved first, know not the geologist, if it is that which counts, the indisputable is that the shove was marvelous, say what they may, I mean, the river to flow out to sea or the sea to sneak into the land. Whilst they clarify this point, we may suppose that it was the sea, as they cannot even conceive such titanic forces in a fifth-rate river that possesses not twelve leagues of course.*

To the west, the Dichoso point (Punta del Dichoso) forms a cove, which to the left of the San Martín Estuary, harbours the extensive luminous La Concha beach. In "The Stew" (La Puchera) Pereda describes Suances showing *"aloof and astride alike, the same profile as the coast and above its highest bend"*. Nowadays, Suances has built the slopes that descend on the beaches of La Concha or Los Locos in the form of and amphitheatre. It is situated on the other side of the peninsula, forming the Dichoso point (Punta del Dichoso) and set the scene for Elena Soriano's novel "The Beach of fools" (La Playa de los locos).

COMILLAS describes itself as a "luxury of architecture and nature". It is one of the most visited cantabrian towns. It all began in 1878 when Alfonso XII visited Antonio López, latterly Marquis of Comillas, in his home town and subsequently chose the town as his summer retreat in 1881 and 1882; even holding a council of ministers meeting in 1881 here. The influence of the Marquis on the Spanish and in particular, the catalonian economy attracted a group of influential summer visitors, architects and artists to Comillas, who were to forge an urban complex of an extraordinary modernist appearance, and buildings such as El Capricho by Gaudí, The Palace of Sobrellano and the Seminary by Martorell, the Angel of Limona in the cemetery; in addition to the monument to the Marquis, the Chapel- Mausoleum, the Three jetted fountain...All justifying the huge tourist attraction of the town. Moreover, Comillas can count on a privileged landscape; a natural protected space, thanks to its integration in the Oyambre Natural Park.

THE OYAMBRE NATURAL PARK. Covering almost 6.000 hectares, is a coastal territory boasting the Picos de Europa in the background. Its rich eco-system: estuaries, beaches, wetlands, dunes, cliffs, forest, all blessed with a wide diversity of flora and fauna. The estuaries of San Vicente de la Barquera and La Rabia; the beaches of Comillas, Oyambre, Meron and the forested area of Monte Corona, constitute this privileged space, declared Natural Park in 1988.

Alfonso Ussía, privileged local of this area, during question of the day in Cantabria 1994, recommended to the cantabrians: *You must sign a non-aggression pact with nature. Respect her coasts, her peaks, her beaches, her valleys, her cities and her villages. Let not one more beach fall, nor one more hamlet lose its harmony, nor one more landscape feel the wrath of speculation and bad taste*, and in a press article titled "Sand", he wrote, with typical descriptive passion: *The beaches of the mountain, wide, ever changeable, prodigious, unending, most beautiful, are made for wandering. From Comillas to San Vicente de la Barquera, only the whim of some rocky headland or cliff breaks the white continuity of the beaches. Fine white and ochre sand, enough to enthrall any mediterranean holiday maker (...) A quarter of an hour from where I write, fifteen minutes on foot, the Cantabrian Sea of the Mountains, paints a picture of the best beaches in Spain. Today, the morning has broken bright and clear, the glades and woodlands a clash of green (...) Any one cloud may be shrouding the sun and the mass, with the overcast beach, it will disregard its existence, its waves, its sand. It is here where the beach returns to itself again, when the sand kisses like a lover once more, and it clings to my feet, nipping like a wonderful swarm of scorpions.*

On this beach of Oyambre ,a monument in memory of the epic poem "The yellow Bird"stands. An aeroplane, having taken off from a beach in the State of Maine and after flying 29 hours across the Atlantic Ocean, was forced to make an emergency landing on the beach of Oyambre on the 14th June 1929. Its destination was in France, where the public anxiously waited to greet the three-man French crew as national heroes.

SAN VICENTE DE LA BARQUERA. All the natural surroundings of San Vicente like those of Comillas are incorporated and protected by Oyambre Natural Park.

The spectacular historic old town of San Vicente is built into a hillside encompassed by estuaries and wetlands, which can be seen from a great distance on the different routes leading in. In 1876 Benito Pérez Galdós, accompanied by José María Pereda made a trip to Potes, since Don Benito longed to acquaint himself with the villages and people of the province where he had been spending his summers, since his first trip in 1871. The impressions he received during this trip he put down with the title "Forty leagues through Cantabria" (Cuarenta leguas por Cantabria). A slow journey, taken at horse-pace, with time to look and reflect, at a pace barely recognizable to today's traveller. Life in Cantabria was very different to the one we know today, and the insights Benito left behind in that journey, although at times seeming somewhat negative, bequeath significant explanations.

The hills which loom over the estuary come to an end and one can now distinguish the unrivalled panorama of San Vicente. The immense plain of the valley, on whose side the town is erected, the closeness of the sea, the elegant setting of the houses between the bridges, the distant and lofty mountains which form a majestic backdrop and enlarge the countryside yet more, make this perspective one of the most admirable and synthesized imaginable to the traveller. There, all is immense, land, sky, mountain, meadow, river, sea, marshes. The very San Vicente seems a first-rate village brought about by a marvelous phantasmagoria yielding its position at the foot of the hill, on whose top stands the church; the picturesque houses reflecting in the dormant water, its two bridges extending from one bank to the other, like arms which are held in in the mountains, as if to better dive into the water. Such is the beauty that it is a true pity to see, after the panorama of San Vicente, the village reveals itself, when it would be better to disappear and hide amongst the sea grass, or vanish like a smoke figure into the air, after being offered as a distant fascinating sight before the astonished eyes of the passenger (...) It is incomprehensible that yon great estuary has been created by god to sustain poor San Vicente, and that the immense salt marshes left behind do not sustain thousands of streets and squares, bustling with unflagging people...

Galdós liked the box but not the contents. Nearly 140 years on, his positive impression remains no less valid, and, "San Vicente reveals itself" now, seems out of place. In San Vicente, todays visitor is able to happily stroll around a lively prosperous village, passionately maintained, proudly displaying its monumental and historical legacy.

As a mark of contrast and observation, a text by Rafael González Echegaray in "Shipwecks on the Coast of Cantabria, 1960" (Naufragios en la Costa de Cantabria) *Rounding the Oyambre or if you prefer, Uriambre headland, the sea at San Vicente swells in a seascape, more admirable and complete than any other on the coast of Cantabria, closed in from the west by the buttress of the coastal villages and labyrinth of her titanic mouth, lost to the high tide of the distant meanders of the salt marshes. The protruding western side of Oyambre is called Peñaentera, drawn out in a sandbar, and from where the Merón beach begins, one of the most admirable on the coast, stretching over 3 kilometres from point to point; the earth descends in rolling hills to finally tumble on the sea shore, as if anticipating the three wise men of the sea, the Peña del Zapato –a giant's shoe– raises the Monte la Braña from the lowly sands, the eastern buttress of the dry San Vicente bay.*

San Vicente de la Barquera, loaded with history, a portrait unequaled on the whole Cantabrian coast, with its exceptional geographic location, fanciful and unexpected, is in this way, the parting of the mountain ports on the way to Asturias. The town on the back of a rocky crown of the castle and parish, is perhaps the most beautiful of all our region and, at high tide the Cantabrian sea takes care of filling the giant saltmarsh of its estuary –the San Adrés estuary– in its two arms of Peña Candiles and Barcenal, to the east, and the Peral to the west, that bathe in the salt water, and all but encircle it, like an islet of San Michele, between mountains, for some hours.

The Maza bridge –32 eyes– and the New Bridge serve providential arms of the steep streeted old village, colonnaded and with skiffs ma-

rooned on the road. Above, in a chapel on the portside of the central nave of the church, Don Juan Corro, with the aspect of a hedonistic renaissance cardinal but by deed a prudent inquisitor of Seville dozes with a skeptical grin reading the alabaster etched in the true wonder of the mausoleum. What wouldn't Don Marcelino have done, in his unorthodox quest, to have deciphered the invisible title of that mysterious book, so gratifying to the inquisitor?

Passing San Vicente on the cliff ridged coast dominated by high plains, beaches and coves keep popping up. Rising above the Prellezo coast, Mount La Jorca, faces the Alto de Pechón, holding apart the course of the Tina Menor estuary, the mouth of the Nansa river. Between Tina Mayor and Tina Menor, from where the river Deva discharges, having just received the asturian waters of the river Cares, the flat range of Pechón conceals the village of the same name, the Amió beach and the Sarnosa islet from the visitor.

Valeriano García-Barredo Alonso

ART in Cantabria

Fortunately, the greatest part of Cantabria's geography is formed by limestone outcrops. The millenary erosive effects of water laid the subterranean foundations for prehistoric man to perpetuate his creative ability, leaving behind an unconscious testament of the first artistic stroke of genius displayed by mankind. If we had only been soil, like now we are a tomb, the impressive event of Altamira would never have been passed down. The geology played its part, the silence and the mystery of the caves were somewhat more than cosmic patience. They helped man to bear the harshness, as well as offering a place where his curiosity could be focused. The primitive Magdalenian, stretching back more than fourteen thousand years, lived and roamed the mountains and coasts of Cantabria and perpetuated the most distant flare of imaginative opportunities established the start of the final evolutionary human link.

When Marcelino S. de Sautuola first saw the canopy of the Altamira Cave in 1879 (it has been over a century since Cantabria offered the world one of the most significant discoveries in the history of art), the canopy of the Altamira Cave, with its splendid bisons and in giving these paintings a paleolithic attribution, caused an uproar affecting the basic conception of the prehistorical man's mindset, prevalent in those days. He who had been deemed until then, to be savage and basic, was suddenly elevated in the judgement of the turn of the century academic, who had to rewind the clock many thousands of years, in their search for the dawn of universal art. Sumeria and Egypt appeared ever so recent. The sedentary statues of Judea or the seated scribe were much closer to us, than the Altamira bisons were to the art of Mesopotamia or Egypt. It was an unexpected triumph of the west, which comfortably won the rank of creative artistic pioneer. One man, eight to ten thousand years before the creator of the "ascending fertility" of the orient showed through Altamira, that in the far west of Europe, in our Cantabrian mountains, an unforseen level of mental evolution had been reached. It was a mountain man, Sautuola, in his land, the Mountain, who turned a steadfast philosophical and artistic framework on its head. For this reason Altamira remains the symbol of the grandeur reached by prehistoric man in artistic representation, in spite of the subsequent technical and chronological discoveries happening throughout Europe.

What a delightful start for the history of art in Cantabria! The most beautiful and surprising ensemble of early human graphics, concealed in the darkness of a mountain cave. It's difficult to give testimony, as Altamira does, to the first creative genius, as any one of those bison of our cave is the culmination produced by the Earth. The artist of Altamira –unnamed, obscure, forgotten, unknown- is more than just a man, an idea, an unknown mark, the salvation of a manifestation freed from time, and who shelters in the closeted space of a gallery. In the canopy, full of reds, a message for the history yet to come had been left to all heirs of humanity, who in that very spot, began to realize their supremacy. Altamira was a yell of might, a masked confession of hope. And for us, for modern man, a humbling lesson of magnificent progress and the conviction that created intelligence is well able to coexist with ignorance. From Altamira to Picasso many thousands of years have passed, yet both have been created in an instance, both have been the first and last spark of a miraculous deed: homo sapiens.

Horses, stags, bison

It is intriguing that those who separate now so openly from the "phylum" of animality do this as a motif of their artistic expressions, as all our Cantabrian caves are filled with horses, stags and bison. The caves of Castile in Puente Viesgo, those of Ramales, of Cuco or Cobrantes, the latest to be discovered in the valley of Nansa, are repetitions of the signs of Altamira. One may well think that it was a desire of prehistoric man to distinguish, in a calculated assertion of the species: I, the man, who think, believe, decide and overcome and on the other hand, these other beings which look like me, in life and flesh but are much more entourage than equivalent.

With the melting of the last glaciation, prehistoric art –awoke and streamed out- then was eclipsed for many thousands of years. The reasons behind this decline are a mystery to us. Did Paleolithic man emigrate behind the herds of horses, stags an bison heading north in search of more favourable climates, now lost in our mountains? Had a cultural regression, however strange, in the general line of human development taken place? Had there been a change in beliefs or myths, dragging down the very need for the symbolic representation? The result was that art deteriorated, or the remaining was not used for the base, which made it permanent: rock and bone. The benefit of the climate moreover, parted man from the caves and he looked to the outside for his dwelling. Only as a memory, as a tradition of that connection with the underground, he took the corpses to the silence of the catacombs, which were once his shelter. The artistic expressions were thus reduced to simple geometric decorations on the ceramic that accompanied the burial rites in the Bronze Age (until 2000-1000 BC). The naturalism of paleolithic man was lost forever, as if these new men had never been able to achieve collective spiritual harmony characteristic of civilizations at their peak. That expressive world of splendid vivid forms gave way to a symbolism of abstract lines. The pots of the AER in Ramales, or those of Los Avellanos in La Busta, are proof of cultures that had lost their joy and conviction of vitality, which had once flourished in man, rooted and absorbed by nature. And the paintings of Ruanales (Valderredible) from the same era, with their simplistic doodles it's hard to believe that they are ten thousand years younger than those of Altamira. If it hadn't been for the fact that they represented a culture that had nothing to do with that of the Paleolithic, and that reaches us with a western appendix from a system of interpretation, rooted in the Orient. The agility and expressionism of the cave paintings or magdalenian furniture sank at the end of this era. Cantabria was not to witness the pulse of artistic magnitude until the trends of greco-romans were reflected in the mountains, because the little we know about the art of the cantabrians before these new signs of mediteranean perfectionism is rather disappointing. The huge landmarks of Barros, Lombera or Zurita, priceless and original monuments, transmit the inspirations of the beliefs or rituals that the spirit of a civilization strives to bring to life and emblazon the proportion and sensation of the natural layout. These pagans of European origin who arrived in the Mountain in the first millennium BC, brought the know how to work iron and who were immortalized by their struggle against Rome, didn't openly stray from the enslaving norm of decorative geometrism which had been prevalent in western art for thousands of year. The technical and material advancement can be seen in examples such as those produced in -Celada Marlantes- (knowledge of metals, modern arms, agriculture, animal husbandry, etc.) these however, do not equate equally to an artistic peak, perhaps due to a lack of political unity within these communities thus not achieving a common social and spiritual destiny, which without a doubt, are essential for emerging art, the likes of which can be seen in the great empires of Mesopotamia and Egypt of the Greco-Roman civilizations.

The romanization

The monument of Zurita (La estela de Zurita), kept in the Regional Museum of Prehistory in the cantabrian capital has the taste of mediterranean iconography. The sculptured scene of the horseman and two standing warriors complete with arms unforeseen in cantabrians, the tastes that only a few centuries later, would be imposed on them by the Romanization. This came about in our region during the conquests of the Augustan Era, and with the fall of the Cantabrian Corniche, consolidated the domination of the Iberian Peninsula by Rome, bringing with it cultural uniformity stretching from the Syrian deserts to the Atlantic Ocean, crushing our region and any other form of civilization. The art forms were channeled into humanist Mediterranean realism that refreshed the vision and esthetic, bringing in a sharper concept of natural forms, absent since the magdalenian paintings thousands of years beforehand. The symbol, formerly geometrized, loveingly abstract, was not lost with the romans, it was however surpassed by man, who was to become the axis and matrix of all representation, even the divine. Cantabria lost the lines, the crosses and the meandering of the celtic tastes, and they adapted to an anthropocentric expression that would not be abandoned. The most appreciated example of roman art is without doubt the famous Otaño plate (Castro Urdiales), a magnificent piece of smithing -silver and gold- featuring the use of medicinal water at a divine fountain

“Salus Umeritana”. A bronze statuette of Neptune in classical style was also unearthed in Castro Urdiales. Exhibits showing doubtless signs of roman art, ceramics in “terra sigillata”, cameos, carvings, coins, ruins of buildings, etc. still turn up in the ground of Castro and the cantabrian roman city of Julióbriga (close to Reinosa).

From this point on, the countryside and art were to form an inseparable unity, since subsequent generations left behind architectural symbols motivated by faith or by need, in corners of valleys, or in solitary wildernesses. A long time before art had taken refuge underground, as magnificent, as it was mysterious, however, when the arrival of Christianity –more a spiritual revolution than a cultural one- approached the Cantabrian mountains, the freedom of the sun and the countryside appear to prevail, but leaving aside Altamira and its era, where the mountain achieves first-rate standing internationally, the artistic value produced in our region doesn’t often go beyond grassroots. You have to take into consideration the range of quite high mountains which box us in from the south, hindering the penetration of other cultures and that very same rugged geology inclines human clusters towards isolation. However with the Muslim invasion at the start of the twelfth century, many roman-visigoth people were compelled to cross the plateau to settle in our valleys, creating a demographic increase, and consequently, a revitalization of the rural community. Cantabria established itself as a beacon of civilization and set off on one of the most complex and exciting historical adventures of the Hispanic past: the creation of a task force to deal with the crisis produced by the rampaging Arabs. The figure of monk Beato working in an isolated corner of Liébana is the first glimmer of a native cultural force significant, as much in art, as in the birth of the medieval miniatures.

Santa María of Lebeña

In the fractured world of the late middle-ages Europe, Cantabria along with Asturias was to be a small scene of a unified kingdom rooted in the gothic tradition, endeavoring to take a robust stand against Islam. Bands of people boldly took on the enterprise of re-population and reconquest, creating the first green shoots of medieval architecture. The asturian style, so innovative and original, in our neighbouring province was mirrored in our land. Proof of this is seen in the incorporated capital originating from the now disappeared church of Las Presillas, and perhaps the small Cueva Santa (Holy Cave) on the outskirts of Santo Toribio of Liébana. These same rural and monastic centres are where the humble rocky churches of Valderredible were painstaking carved out of the sandstone in the seventh and ninth century AD, along with the Socueva close to Arredondo. The poverty accompanying the start of this kingdom, coupled with the enormous spirituality that it gave rise to, couldn't afford spectacular architectural works, yet there was an attempt to capture the vitality of the past, although the chance was slim. A century later, in the tenth century, with the monarchy strengthened and the nobility enriched, and in keeping with the artistic trends of the more cultured and organized Moorish Spain, the churches were always built with caliphic highlights. This moment has been frozen in time with a near complete chapel located in the village of Liébana. In Santa María of Lebeña, now a parish, built into a beautifully peculiar corner, where the white rugged limestone mountains eclipse and dwarf any human competition, count Alfonso and Justa reaffirmed their religious beliefs in a small basilica, a gem of mozarabic art, a model of proportion, where the alfiz (arch molding), horse shoe arches and the molded scrolls point towards the cordovan artistic world, then the prime focus of Mediterranean culture.

It's certain that Cantabria showed itself to be particularly progressive throughout the tenth century, it saw other churches similar to that of Lebeña built, but the destruction of time as well as man's disregard for his past have led to their disappearance. Only small fragments remain, more humble, more mixed: the tiny chapel of San Román de Moroso, now hidden in an isolated wood, with its caliphic arch and the equally inspiring corbels and the apse of Helguera in Iguña, which is a prime example of near total destruction of those ancient monuments. San Martín de Elines stills hangs on to the remains of what must have been another interesting mozarabic church.

Fast forwarding to the eleventh century, and as a consequence of the ever more persistent european impact on the Christian kingdoms of the peninsula, Cantabria also caught the innovating breeze. The artistic unity imposed by the Romanesque in all that had once been the Roman Empire arrived in our mountains and –taking advantage of the introduction of a new society, organized around vast monasteries- began a building spree of churches that would be completed by the mid-twelfth century. This constructive awakening, equal to, but belated, remarked upon by the monk Raúl Glaber, as Christianity cloaked in the ornate white of the church, had been changing the face of monuments in our valleys in little over a century. Santillana del Mar almost certainly replaced an old church with the basilica (chapel) that we can now see, the three naves, lamp, three semicircular apses in the head and richly carved iconographic capitals. Castañeda erected another monumental work of canopy masonry in the same style. The old roman road following the Besaya basin was established as the main inroad for all political, cultural and artistic innovations that the kingdom of Castile, to which we belonged, was assimilating. The Romanesque spread throughout the whole of the region, as much in Valderredible as in Campoo and the Valleys of the interior. The church of San Martín de Elines conserves the last traces of Romanesque painting on the apse walls. Cervatos built a new brickworks for a monastery built in AD 999 by Count Sancho of Castile. Liébana and the coastal areas came face-to-face with the novelties of the Romanesque. In the valley of Liébana, the Santo Toribio and the Santa María de Piasca, both monasteries of significance to the region's repopulation, were built during this Romanesque period. The first was lost without trace being almost completely replaced by the present gothic church in the thirteenth century, representing the crowning achievement of the last richly decorated sculpture which bids farewell to Romanesque art. The famous cloister of Santillana was also built at the end of this century, as well as a monumental entrance which unfortunately is missing some elements, eventhough some of those fragments have been preserved.

The monumental landscape of Cantabria was taking shape. The hamlets and villages took shelter in the church and life in the valleys revolved around the ecclesiastic and noble elites. The nobility required defensive towers which would be, together with religious architecture, rocky hunks indicative of the rural habitats, some still survive, more or less fallen , crowning small heights, hanging on miraculously, like that of Merino in Santillana, the Obesa in the upper basin of Nansa, the Proaño, which until the end of the last century maintained the last link of that privileged social class of the Hidalgos, with the almost legendary "sordo" (the deaf one) of Proaño, the historian and chronicler Don Angel de los Ríos. Or that of Ruherrero, open and beaten, demoralized and forgotten, a pile of ruins down on its luck that nobody has attempted to put back its dignified walls.

Villages and cathedrals

The intention on the part of King Alfonso VII and AlfonsoVIII of Castile to revitalize trade and maintain a standing army, gave way to the granting of regional codes of law to the coastal towns such as Santander, Castro Urdiales or San Vicente de la Barquera. These coastal centres saw an increase in population of free men who organized the first early medieval communities. Their old churches were demolished to make way for others, now gothic, more spacious and solemn. The Cathedral of Santander, Santa María de Castro Urdiales, Santa María de Puerto in Santoña, that of Los Angeles de Laredo or that of San Vicente de la Barquera were constructed as a splendid testimony to the most solemn ones that came to replace the more rustic and humble ones of the romanesque, and as happened in the twelfth century, Cantabria remained coupled to the artistic trends which predominated in Europe, albeit expressing a particular ruralism owing to the special economic conditions of the region. Then, however, the very first urban centres began to spring up, which, despite changing with the times, created villages and towns of notable character, such as Santillana del Mar, Laredo, Bárcena Mayor, Carmona, etc., truly charming and nostalgic relics set in a flattering landscape highlighting perspective and emotion.

While gothic architecture had worthy examples to follow as seen in the techniques of the cross- shaped vaults, extended until almost into the eighteenth century, nothing remains of the painted. There had to have been undoubtedly, but were perhaps lost with earlier refurbishments when churches were fostering the use of gold brought in by the "Indianos" (Returning Emigrees). Only some small churches hidden in the mountains of Valdeolea followed the almost

Romanesque order of apses and advanced gothic murals, where a glimpse of the renaissance can also be seen.

All of this appears to stem from the same popular workshop also operating in the north of Palencia. At the same time –end of fifteenth century- the direct maritime links with Flanders, or perhaps the actual voyages departing and arriving to our shores were the reason behind the direct importation of works of art, produced in European workshops, the likes of which vastly outshine those of popular and indigenous origin which can still be found in Cantabria. The Belén alterpiece in the church of Laredo holds its head up to the finest sculptures of this period. It is certainly the work of a Flemish master. In its day it would have formed a triptych dedicated to Our Lady, with various small- sized groups showing both the Old and New Testament, and a sculpture clearly influenced by paintings of Van der Weyden. In the church of Santa María de Puerto, Santoña, the alter of St Bartholomew contains six splendid boards signed by Petrus Nicoli Moruali, Bruge Painter of the first quarter of the sixteenth century. The Major alterpiece in Santillana is also an exceptional work of art dating from the same period, showing a gothic architectural structure and boards possibly relating to the circle of León Picardo, bursting with Flemish inspiration.

Painted alters from this period are virtually nonexistent. We only know of one painter, who is unnamed, so we cannot ascertain that he was indeed cantabrian, shown in the boards of Rozas de Soba dating from the mid-sixteenth century.

Little remains of the renaissance architecture. As in Castile, plateresque was a unique art form and in certain cases was the work of Cantabrian Masters. Surprisingly our very own cantabrians left no works of any importance in their own land, as certain façades or church doors, like that of Arnuero or Pámanes, constructed at the end of the fifteenth century, start of the sixteenth, lean more towards the proximity of the gothic than to the new style creeping into of the plateau. The two floored cloister of Monte Corbán is unique example of the Castilian renaissance, although unadorned and more straightforward than its peers. As far as alterpieces in the plateresque style go, we need only to mention that of Arnuero (1542), a truly exceptional piece of architecture.

Greater solemnity and elegance can be found in the baroque churches of Cantabria, although none can compare with the grandeur of this style of art produced in the rest of Spain. Monuments such as the parish of Cigüenza, the chapel of Lignum Crucis de Santo Toribio de Liébana, the convent of Nuestra Señora del Soto, San Sebastián de Reinosa or the church of Rucandio in La Cavada are, however, far from insignificant buildings of which in most cases, were built thanks to the generosity of the expatriates. At the same time various baroque churches, unique to our region, are domed in a nostalgic gothic style, like those of Liendo, Guriezo, La Bien Aparecida, etc. The vast majority of these Baroque alterpieces, maintained by imaginative cantabrian artists, above all the workshop of Limpias, which worked according to similar esthetics seen in the great Castilian sculptures, albeit with a rustic twist, demoting it to an inferior and more limited class. The parish museum of Regina Coeli, Santillana, displays and preserves a great number of images of this rural art, quite crude but emotive, it is characteristic of our polychrome sculpture.

Funeral sculpture in the mountains has a distinguished presence. Beginning with recumbent figures of wood and stone during the fourteenth and fifteenth centuries, as in the mausoleum of Munio González, in Castañeda; that of the count of Agüero (now in the Parish museum of Santillana), or the double of the Corro family in San Vicente de la Barquera. In the sixteenth century it reached its peak with the marmoreal of the Inquisitor Antonio del Corro, also to be found in San Vicente, a work of art attributed to San Juan Bautista Vázquez. The iconic worshiper predominated the baroque period. It depicted the deceased in a kneeling position and nearly always under an archway. Many nobles, clergy, military officers or overlords had their mausoleums built this way during the seventeenth and eighteenth century. The figures of Alonso del Camino, in Ajo; those of the Velasco- Fernández de Isla couple, in Isla; that of Acevedo in Término, and many more come to mind.

Mountain villas

In the seventeenth and eighteenth century above all, the civil architecture of the mountains achieved a type of rural dwelling that, varying according to its humility or grandeur, stuck to a series characteristics obliged by rural life and the climate in the region. A common feature in all is a "solana" (sun trap), a south facing open balcony between two gables which protect the lateral parts and one or more rounded arches supporting the passage to the hallway. Some of them have overhanging eaves displaying richly carved joists. When these buildings reach a notable size, distinguishable from the rest and traditionally the ancestral homes of the nobility then they tend to be referred to as "casonas" (villas). In virtually all of them, a repeated sign of the coast of arms can be seen, an element which holds special significance in these mountain mansions, giving testimony to the deep rooted powerbase of the family. Carved in stone and placed in the "portaladas" (portals) –that can open up a monumental cocoon of patrimonial property- or on the main façades, the sculptural motifs are repeated, sometimes acquiring an unprecedented size and baroqueness, such as the famous shield of "Los hombrones" (Huge men), in the Manor house of Los Villa, Santillana del Mar. The richest "casonas" (Villas) had a chapel built into the general structure of the house, or one annexed to it. In both cases these private oratories were usually covered with a dome, painted or not. At the end of the eighteenth century, the accumulated wealth of some families and the palatial zeal of the baroque began to take its toll on the "casonas" converting them into true palaces, a case for example, is the italianisation of Soñanes (Villacarriedo), or that of Pámanes, not so decoupled from that of the local traditions.

In the nineteenth century, Cantabria was living through the influences of intellectual modernism. The arts were gaining public acceptance and personal and social esteem, in this way the anonymity faded. The city of Santander came to be the focus of creativity, whilst the rural centres lost relevance. The studio, the communication techniques that were drawing in the latest aesthetic trends valued individualism more, meanwhile the historicist fashion in architecture imposed academic styles. The same influx of academics occurred with pictorial art in which art had remained static. Sculpture, architecture, and paintings we now know from the names of the artists, up until this day. Architecture, both civil and religious, swing in different directions, searching for inspiration in historical styles and, the neo-gothic being one of those which dominated, as seen in the Asunción of Torrelavega or Los Padres Jesuitas of Santander in the religious aspect. In the civil aspect, the Palacio del Marqués de Comillas (The Palace of the Marquesse of Comillas), work of the Catalonian architect Domenesh I Montaner stands out. The swing back towards the local autochthonous, in the traditional regional style, would be represented above all by the cantabrian architect Rucabado, who endeavored to catch the spirit, albeit with neoclassic elements, the forms of our popular architecture. His works can be seen in various villas or Palaces and the Menendez Pelayo Library. Pure Neoclassical, the synthesis of Greek and Roman, we see in the temple of San Jorge in Las Fraguas de Iguña, which attempts to return to a pure beauty, if somewhat anachronistic modernism, which seeks forms and new designs, striving to break free from the chains of past aesthetics. Cantabria has the famous Capricho de Gaudí in Comillas, like an unexpected reflex, it brings home the originality of the architectural genius, Gaudí, likewise the Palace of Magdalena, work of Ricardo and Bringas, built at the tum of the twentieth century, assimilates influences of nineteenth century domestic English architecture, highlighting this ecclesiastical tendency then dominant throughout Europe.

In respect of present day cantabrian painting and that of the nineteenth century, when personalities who had made an unquestionable reputation for themselves, and were to stand out and lay the foundations for Casimiro Sáinz. Never again, would the creational flame be extinguished, which was in part, produced by the public institutions safeguarding the work of other artists by the opening of relations with the rest of Europe, and by the resurging commerce of the region. José Madrazo opened up this new panorama in regional painting, which acted as a resurrection of that initial vocation, started some 14.000 years before...But just as Altamira was a call to spontaneity, in a civilization void of intellectualism. Madrazo lived through an age of decadence, where the rules and regulations obstructed this freedom of expression that only a genius, breaking the academic chains could achieve. Madrazo was no Goya, but rather one of those men, tamed of impulse and madness by the then society, which rigidly imposed its aesthetic norms, paralyzing him in the act.

The aesthetic of the landscape

Then when Madrazo died in 1859, those who were to create the new man- nature link were already in adolescence. The Altamira painter had broken this bond to eternalize art, that was the animal domain. Now those early cantabrian landscape painters, Riancho and Casimiro Sáinz attempted to do the same with the biological and vegetal world. Nature once again regressed to its forum, only this time refreshed, in all its diversity, by masterminds who were not exactly living at the dawn of human culture. The fields and the countryside, which had begun to be valued anew in human feelings from the renaissance onwards, passed onto the art of representation with absolute independence of the human form. The aesthetic of landscape as an autonomous pulse in the soul of modern man came about by the direct communication of the impressionist painting. It is in this way setting the trend of capturing a critical geological moment on canvass, our natural habitat caused, by its very own beauty and charm, exchangeable responses in artistic works. Valley, cascades, majestic oaks, hamlets hidden in the foliage, exuberant green meadows, bridges and paths, misty skies of crystal clear springs, all caught through the eyes of our painters in their passing flight, in the eternity of the testimonial canvas. Riancho, finally, ever more detached from conventions, worked almost with schematism, ingeniously melting shapes, and it gives us a taste of the abstract, which comes at us like a flood of chromatic synthesis.

The trio of Casimiro -Riancho- Salces set off on a path which will not end with cantabrian pictorial art. From then on our painting would falter no more. Iturrino started off in fast- paced "fauvismo" with a strain of colour not yet fully extoled. A little later, María Blanchard, played on deep sadness, and her painting vaporizes in porcelain elegance of almost human philosophical significance. Gutierrez Solana, the grim analyzer of the hispanic dark soul, the revived Goya, relives the medieval trace that still draws us. And Pancho Cossío, exceptional in his paintings, captures unparalleled blurred qualities.

As the years of the twentieth century went by, the number of painters multiplied, all tendencies were tempered by the refractory individualism of the cantabrian spirit. About those painters it is futile to speak of art school. Each was to his own and developed in their own way. Alvear, Ceballos, Bernardo, Quirós, Cobo Barquera amongst others formed the vanguard, to be followed simultaneously by the younger, Julio de Pablo, Sobrado, Raba, Medina, Gran, Gloria Torner, Celis, Los Calderón Sanz, etc., creating a substantial front in the present day panorama of spanish art.

As far as sculptures are concerned, less prolific stand the names of Villalobos, Muriedas, Otera..., who hold the torch passed on to them by the imaginary romans and renaissance artists and that had been burning dimly, in regard to notable figures for many centuries.

From Altamira on, Cantabrian artists -anonymous or known, rural or academic- never ceased to believe in that memory, recalled with such relish, and the differing styles of each generation. Sometimes through universal courage, other times through a more modest scope, a great complex of our artistic patrimony was molded, on which we are managing to build, a creative progressive future, this decidedly strong willed landscaping and humanist region has been crying out for.

Miguel Ángel García Guinea

MIGUEL ÁNGEL GARCÍA GUINEA (1922-2012)

PhD in Romanesque Art, Palencia, Lecturer at the Universities of Valladolid, Madrid and Cantabria. Director of The Regional Museum of Prehistory and Archaeology of Cantabria for the last 25 years. Founder The Cultural Institute of Cantabria. President of The Centre for Romanesque Studies. Founder of Sautuola Seminary and Director of its magazine. Gold Medalist of the Santa María de Aguilar de Campoo Foundation for directorship, together with Peridis, for the Magna Encyclopedia of Romanesque and President of Honour of the Foundation.

This Editorial entrusted, in 1979, the edition in 2 volumes "The Romanesque in Santander", in 1995 "Cantabria, Artistic Guide", and in 1996 "Romanesque in Cantabria".

His vigorous activity as a cultural dynamo has been rewarded with the little of "Prodigal Son" by the Parliament of Cantabria. The inclusion of his text, "Art in Cantabria" written in 1982 is our homage to his memory.

Captions

page	text
8-9	From Ubiarco. Sea and mountain on the eastern coast.
11	Santander. Puertochico atdusk.
12	Fuente Dé. Cable car.
13	Salto del pasiego.
14-15	Eastern Coast.
16	The Hermida Gorge.
18-19	Sonabia and Peña Candina.
20	Soplao Cave.
21	Castro Urdiales.
23	Vega de Liébana.
24-25	Oyambre Natural Park. Beaches of Merón and San Vicente de la Barquera.
27	Santander. Magdalena Palace.
28	Fontibre. Source of the river Ebro.
34	Riaño de Campoo. Bridge over the river Híjar.
35	The river Ebro after domine ering the Valderredible valley constricsits flowin order to pass the miraculous rock of Orbaneja del Castillo and Escalada.
36	Saja Nature Reserve.
38	Beech forest in Ucieda.
40	Carmona.
42-43	Ruente. La Fuentona.
44	Perrozo.
46-47	Monasterio de Santo Toribio de Liébana.
49	Caloca.
50	Tower from Obeso.
53	Tudanca. Manorhouse - Library and Museum of José María del Cossío.

page	text
54-55	Tresabuela. Polaciones Valley.
56	Carnival in Polaciones. Zamarrón.
59	Soplao Cave.
60	Inside a flour mill.
62-63	Suances. Punta del Dichoso Lighthouse.
65	San Miguel del Aguayo. Alsa Reservoir.
66	Ucieda. Amagical woods.
68	Highland barndwelling.
71	*"the mist a tour feet waft sits veil"* (G. Diego).
75	*Mogro..."the most marvelous estuary imaginable".*
76	Portillo de Lunada.
78-79	Pámanes, on the southern slopes of Peña Cabarga.
81	Highland barnd wellings in the river Miera basin.
82	Liérganes. Bridge over the river Miera.
84	River Asón upper basin.
87	Asón Waterfall.
91	Argoños, sitting on the southern slopes of El Brusco, on the edge of the Santoña wetlands.
92	Laredo. La Salvé beach, and Mount Buciero converging with the river Asón estuary.
94	Guriezo. Marroquín Palace featuring medieval tower.
96	Sunset over theinner valley sof Cantabria viewed from the Peña Cabarga vantage point.
98-99	Covachos beach.
100	Comillas. La Rabia beach.

page	text
187	Santillana del Mar.
188	Santa María de Piasca. Detail of the romanesque portal.
190-191	Santillana del Mar. Cloisters of the Santa Juliana Collegiate Church.
193	Santander. Cathederal.
194	Isla. San Julián and Santa Basilica Church.
196-197	Santander. Clauster of the Mount Corbán Monestery.
199	Valderredible. Castillo de Valdelomar romanesque church.
200-201	Tudanca. Close up of Jose Mª de Cossío's Manorhouse.

page	text
203	Piasca. Portal of the Santa Maria Church.
204-205	Riocorvo, Cartes. Aristocratic coat of arms.
206	Cabuérniga. Typical mountain Manorhouse.
208-209	Palace and Church-Pantheon of Marquis of Comillas.
211	Torrelavega. Central dome of the Virgen Grande Church.
212	Comillas. Gaudi's "El Capricho".
215	Santillana del Mar. Museum of the sculptor Jesús Otero and Collegiate in the background.
217	"Imaginary discussion" by Pedro Sobrado.